中公新書 2778

鈴木 均著

自動車の世界史

T型フォードからEV、自動運転まで

中央公論新社刊

はじめに

自動車産業および自動車市場の盛衰は、その国の豊かさと安定の指標である。

イギリスを例に挙げよう。一九六〇年代の初めまで、イギリスは世界に冠たる自動車大国であった。ジャガー・Eタイプやオースチン・ミニのような、自動車史に残る名車を数多く輩出し、「太陽の沈まない国」と称される大英帝国の威光をいまだ保っていた。

しかしその後は、植民地の相次ぐ独立による販路の減少に加えて、お得意様だった北米市場でのシェアをドイツやフランス、イタリア、日本などに次々奪われ、その地位は転落してゆく。ついには自国の市場ですら、過半数が外国車に埋め尽くされるありさまとなった。この凋落《ちょうらく》は、イギリス経済全体の落ち込みと軌を一にしている。

落ち目となったイギリスは、八〇年代のサッチャー政権下、日本車の現地生産のための工場建設を積極的に誘致する。そして、不採算に陥って久しい自国メーカーを容赦なく外資に売り飛ばした。

地に落ちたかに思えたイギリス自動車産業だが、その後、二一世紀に入って不死鳥のごとく復活を果たすことになる。いわゆるグローバル・サプライチェーンの発達によって、自動車メーカーや部品メーカーの吸収・合併が活発化したことの恩恵を受けたのである。

たとえばイギリス車の看板であるロールス・ロイスは、一九九八年以降にはドイツの自動車メーカーBMWからエンジンの供給を受け、販売・製造を担っている。イギリスを代表する大衆車のミニも、いまはBMW傘下のブランドとなっている。生産はイギリスのオックスフォード工場（ローバーの旧カウリー工場）で行われ、日本でも人気である。ジャガーとランドローバーはインドのタタに売却されたが、北米や中国、ヨーロッパで堅調である。

直線基調で優雅なたたずまいの外観に加え、木と白い本革でしつらえたロールス・ロイスの内装は、「陸上をゆくヨット」と形容され、黒革を基調とした「教科書どおり」のドイツ製高級車とは一線を画す。おなじBMW製一二気筒エンジンを積んでいるBMW7シリーズとロールス・ロイス・ファントムを比べるのであれば、筆者なら後者を選ぶだろう。

もちろん、イギリスの稼ぎ頭ということで言えば、今も昔も銀行や保険、コンサルなどのサービス業である。しかし、これらは経済の衰退局面でも一貫して「元気」なセクションだった。このことからも、自動車産業の方がイギリス経済の浮き沈みをより的確に体現しているといえるのではないだろうか。

豊かさと安定の指標であると同時に、自動車は国際関係を映し出す鏡であり、原動力でもある。今度は戦後日本の国際関係史から考えてみよう。

一九四五年九月二日、日本政府が米海軍ミズーリ艦上で降伏文書に署名し、第二次世界大戦は終わった。敗戦国として、日本は焼け野原と瓦礫《がれき》の山から再出発した。戦前日本の自動車産業は、トラックや戦車など、軍用車の生産に専念した。国家を代表する総理大臣の公用車すら、ビュイックをはじめとしたいわゆる「アメ車」であり（詳しくはコラム1を参照のこと）、車は庶民にとってあまりにも高嶺の花だった。現在でいえば、国産初のプライベート・ジェット、ホンダ・ジェット（約一〇億円、二〇二三年）並みといったところだろうか。

ロールス・ロイス・ファントム

一九四九年、通商産業省（通産省、現：経済産業省）が発足すると、欧米諸国に「追いつき追い越せ」をモットーに、鉄鋼、石炭産業の復興の音頭をとった。そして、一九六四年の東京五輪が日本の戦後復興を象徴するイベントとなった。自動車が国内最大の産業になったのはその四年後のことである。「集中豪雨的な輸出」を非難され、「日本株式会社」と揶揄《やゆ》されながらも、日本がアメリカを抜いて世界一の自動車生産国になったのは一九九〇年だった。

その後、日本は世界一の自動車生産国の座をアメリカに返上した。さらにアメリカがその座を譲り渡したのが、中国である。東西冷戦が終結した一九八九年、中国の首都・北京の名物である朝の渋滞は、まだ自転車の大群によるものだった。それから一〇年経ち、経済が成長するにつれて、これがホンダ・スーパーカブに代表される小型オートバイの渋滞となる。これは、現在の東南アジア諸国の状況に似ている。後発ほどキャッチアップが早くなる法則にしたがい、二一世紀に入ってまもなく、北京では車の大渋滞と排ガス汚染（PM2・5）が問題となった。かつて日本が五〇年以上かけてたどった道筋である。

二一世紀に入って二〇年。深刻化する環境問題への取り組みがいっそう問われる時代になってきている。中国が電動車（EV）の普及にこだわるのは、深刻な大気汚染の改善が動機の一つである。同時に、エンジン車やハイブリッド技術の競争を飛び越し、一気にフロンティアに立つという戦略もある。電動化やAI技術に集中投資する中国は、自動車産業において、そして国際関係において、今後どのような役割を果たすのか。それに対して、日本はどのように対応したらいいのか。グーグルをはじめ、IT大手が自動運転プログラム開発にしのぎを削るアメリカの動向からも目が離せない。

◎ ◎ ◎

以上のように、本書では自動車を通じて、各国の盛衰と国際関係の歴史をたどる。数多くの車が登場する自動車史入門として、普段あまり馴染みがないという方にも読みやすくするよう心がけた。近年、日本をはじめ、先進国の都市部では車を持つこと自体のステータスや、ライフスタイルにおける魅力が薄れてきているといわれる。しかし世界を見渡せば、途上国では今なお自動車の普及が爆発的に進んでおり、今後もしばらく続く見込みである。自動車は当分の間、国際関係の主役であり続けるだろう。その重要な役割を理解してもらい、同時に、多くの人の心をつかんで放さない、自動車のロマンあふれる魅力についても知ってもらえたなら幸いである。

目次

◎本章に登場する主な車

20HP	JEEP	シトロエン・タイプA
フォード・モデルA	シトロエン・トラクシオン・アヴァン	KdFワーゲン
T型フォード		VWビートル

ロールス・ロイス・シルヴァークラウドⅡ　ベントレーS2　DAT号　ダットサン号

第一章　大衆車普及への道
――終戦と高度成長

焼け野原からのスタート　教材としてのJEEP　T2国としての国際社会復帰　黄金の五〇年代とアメ車　大衆車の普及とT1国入り　イギリスと日本の「特別な関係」　脱お下がり、和製高級車の登場　マイカー元年――トヨタ・カローラvs日産サニー　輸入の自由化とメーカーの集約　日本車輸出の本格化　日本のT1国入り　自動車は国家なり　東京五輪と運転免許制度の改変　戦後世代の台頭と首都高速道路の開通　鉄のカーテンの向こう側　ルノーの東欧進出　日本の「独自路線」　東側の「優等生」トラビー　したたかな伏兵　日本に続く韓国　インドという大国　「眠れる獅子」中国の起動とマレーシアの登場

◎本章に登場する主な車

トヨタ・ジープBJ　トヨタ・ランドクルーザー　三菱ジープ　キャデラック・エルドラド　シボレー・コルベット　シトロエン2CV　フィアット500

第二章 貿易摩擦の時代——省燃費化のスタートからスーパーカー・ブームまで …… 67

ら八〇年代へ

◎本章に登場する主な車

LRVルナ・ローバー
VWゴルフ
BMW2002ターボ
ホンダ・シビック
ダイハツEVタクシー
シャレード
ボルボ120
ボルボ264
三菱ランサー
マツダ・サバンナRX-7
いすゞ・ジェミニ
エルフ
ランドローバー
ミニ
ホンダ・アコード
トヨタ・カローラ
日産ブルーバード
VWサンタナ
フォードGT40
フェラーリ330
ロータス・エスプリ
ランボルギーニ・ミウラ
アストン・マーチンV8ヴァンテージ
ポルシェ911
ランチア・ストラトス
ランボルギーニ・カウンタック
スズキ・ジムニー
スバル・レオーネ
アウディ・クワトロ

第三章　狂乱の八〇年代

——日本車の黄金時代と冷戦終結

国有メーカーの民営化　スズキ、インドへ　プラザ合意とバブル経済　エアバッグの標準化　カーナビの登場　自動車電話　バブル経済と貿易黒字削減の「粉飾」　GAFAMの隆盛とABSの普及　チョルノービリ原発事故と核ミサイル　東側に草の根でアプローチ　壁の崩壊と冷戦終結、ドイツ統一――VWゴルフvsトラバント　マクドナルド資本主義とドライブスルー　冷戦後の世界の予兆――天安門事件　一九八九年――国産車ビンテージ・イヤー　高級車元年――消費税導入とシーマ現象　日本車、F1の頂点へ　公道のF1と化したWRC　日本車、WRCとラリーを席巻

◎本章に登場する主な車

レンジローバー
オースチン・メトロ
ローバー800
スズキ・アルト
マルチ800
ベンツ190E
BMW3シリーズ
シボレー・インパラ
ホンダ・レジェンド
ホンダ・アコード
ベンツSL55AMG

ベンツSクラス
フェラーリF40
ラーダ1200
MAZ543
スズキ・スイフト
日産スカイライン
日産シーマ
日産スカイラインGT-R
ホンダNSX
マツダ・ロードスター

スバル・レガシィGT
レクサスLS
インフィニティQ45
アキュラTL
マクラーレン・ホンダMP4
ルノー5ターボ
ランチア・デルタ
トヨタ・セリカ
三菱パジェロ

第四章　グローバル市場の誕生

――台頭する新興国と日本の「衰退」――

◎本章に登場する主な車

ラーダ1200
シュコダ・オクタヴィア
ダイハツ・ミラ
トヨタ・ソルーナ
ホンダ・シティ
マツダ787B
スバル・インプレッサWRX

三菱ランサー・エボリューション
マクラーレンF1
ロールス・ロイス・ファントム
ブガッティ・ヴェイロン
リマック・コンセプト・ワン

マツダ・コスモ
三菱デボネア
シボレー（トヨタ）キャバリエ
スズキ・カプチーノ
マツダAZ-1
ホンダ・ビート
ダイハツ・コペン
VWポロ

◎本章に登場する主な車

トヨタ・カムリ
トヨタ・ランドクルーザー70系
ジャガーI-PACE
シボレー・ボルト
ロードスター
モデル3
トヨタMIRAI
マツダ3
VWニュービートル
ザ・ビートル
ミニ
フィアット500e
トヨタ・クラウン
ホンダ・オデッセイ
日産セフィーロ
ダッジ・チャージャー
シビック・フェリオ
アストン・マーチンDB5
ホンダNSX
ラ・フェラーリ
日産GT-R
レクサスLFA
トヨタ・プリウス
日産リーフ
三菱アイミーブ
現代グレンジャー
日産キューブ
ID.シリーズ

第六章　失われた四〇年か、ブレークスルーか——

——テロとの戦い、気候変動、コロナ危機

◎本章に登場する主な車

EVトゥクトゥク
アウディe-tron
ライトイヤー0
吉利ジオメトリA
i3
宏光ミニEV
タタ・ナノ
フォム・ワン

タタ・モバイル206
ホンダ・クラリティ・フューエル・セル
二代目MIRAI
ハマーH1
トヨタTS050ハイブリッド
トヨタ・ヤリスWRC

スバル・レガシィ・ランカスター
日産スカイライン
ホンダ・レジェンドハイブリッドEX
BMW7シリーズ
華人運通技術・HiPhiX

◎コラム一覧

図作成・DTP：市川真樹子

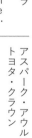

自動車の世界史

序章　自動車産業の夜明け

近代化と大量生産のはじまり

自動車が発明された一九世紀後半から二〇世紀の初頭まで、現在のイメージとは異なり、自動車は大量生産されていなかった。

世界で初めて大量生産された工業品は自動車ではなく、兵器、銃器であると言われている。その元祖は、南北戦争前後のアメリカだった。それまで一丁一丁、職人が手作りしていたライフル銃は、部品が一つ壊れただけで、戦地から職人の元に返送しなければならなかった。それが全ての部品が同じ寸法で作られる大量生産品となったことで、戦場で兵士が直せるようになった。未だに南北戦争がアメリカにとって最多の戦死者を出した戦争なのは、そのせいだとも言われている。大量生産が自動車に波及したのは、アメリカでT型フォードが開発された二〇世紀初頭のことであり、後ほど紹介する。

発明されて間もない頃の自動車

世界最初のガソリン自動車は、ドイツとフランスでほぼ同じ時期に発明された。一八八六年、ドイツのゴットリープ・ダイムラーとヴィルヘルム・マイバッハは、一〇馬力を発生するガソリン・エンジンを馬車のような形の四輪車に積んで走らせた。同年、カール・ベンツは前年に開発した車で特許をとったが、エンジンは現在のような四ストローク、車輪は馬車のような木製ではなく鉄製で、ステアリングも現在の構造の原型といえるラック・ステアリングだった。ダイムラーとベンツは一九二六年に合併し、現在のメルセデス・ベンツとなった。なお、当初は木炭や石炭を使った蒸気駆動の自動車もあったが、ここでは割愛する。

一八九一年、フランスのルネ・パナールとエミール・ラバッソールは、ダイムラーのエンジンを積んだ車を試作した。画期的だったのは、変速機を積むことによってエンジンの馬力を効率的にタイヤに伝えたことと、エンジンを前に積んで後輪を駆動する、いわゆる「FR」だったことだ。そしてダイムラーの発明に触発され、エンジンの供給を受けながら最古の量産メーカーの一つとなったのが、フランスのプジョーである。これにドイツのオペル、チェコのシュコダ（ラウリン・クレメント）とタトラを併せて、世界最古の五大メーカーと言われている。

イギリス初の自動車メーカーは、ダイムラーのエンジン製造権を取得したデイムラーであり、後のジャガーの源流にあたる。またアーノルド一家はベンツと似た車を九七年に制作したが、初めてエンジンに電動スターターを装備した。このモーターは坂道を登る際に駆動をアシストするようにできており、世界初の（手動）ハイブリッド車と見ることもできる。

王侯貴族の嗜好品

黎明《れいめい》期の自動車は、王侯貴族をはじめ、一部の企業経営者の嗜好品、道楽のツールだった。自ら自動車を試作し、これを本業にしてしまう者もいた。故エリザベス二世も愛用したロールス・ロイスの創業者は、自ら（航空機も含む）レースに出走する資産家のチャールズ・ロールスと、マンチェスターの電気技師で、一九〇四年に自動車を試作したヘンリー・ロイスだった。

ロイスの車は堅固に作られており、石畳の街中でも、未舗装路が続く郊外でもトラブル知らずだった。そのことに感銘を受け、ロールスはロイス車の独占販売権を獲得、二人の名前を冠した同社が〇六年に誕生した。同年、マン島ＴＴのレースに20ＨＰ（車名は二〇馬力発生するエンジンに由来）で出走し、優勝する。ロールス・ロイスはいまも、特に内装は職人が一つ一つ丁寧に手作りしている。大量生産されているのは、フレームと電装、そしてＢＭＷから供給されるエンジンくらいである。

アメリカビッグ3の誕生

車の発明において先行したのは欧州勢だったが、これを庶民の生活必需品にしたのはアメリカだった。ヘンリー・フォードは最初の車を一八九六年に開発したが、本格的に生産に着手したのは一九〇三年のモデルAだった。T型フォードは一九〇八年に登場し、それまで職人が一台一台手作りしていた高級品を、生産ラインと呼ばれる流れ作業を導入して大量生産するようになった。

　人がゆっくりと歩くほどのスピードで車体のフレーム（骨組み）が工場のなかを流れ、そこにエンジンを積み、電気系を各部に繋ぎ、内装や補器類を組み付け、外板とガラス、ドアを据え付け、最後に塗装を施すのである。フォードのコスト削減は徹底しており、T型が黒一色しか選べなかったのは、他の色よりも早く乾くと考えられていたからだ。フォードの目論見通り、圧倒的にお買い得な値段のT型は飛ぶように売れ、一九一八年にはアメリカの登録車の半数がT型となった。他社もすぐにフォード式生産方式を採り入れた。

　フォードの工場では自動車の組み立てのために、渡米したばかりの移民労働者を大量に雇い、自社製品を買えるだけの収入を与え、エコシステムを作り上げた。工場の職場では英語と民主主義を教え、労働者のスキルアップのみならず、アメリカ市民を「量産」する機能も果たした。「自動車は国家なり」を文字通りの意味、あるいはそれ以上に実践したのである。

　なお、フォードは戦前の二九年にロシア工場を立ち上げるなど、現在の自動車メーカーでは当たり前となった多国籍企業の先駆だった。フォードのロシア工場は後にGAZとなり、ロシア自動車産業の屋台骨となった。GAZは第二次大戦中、アメリカのJEEP《ジープ》を参考に軍用車両を量産し、モスクワを目指すヒトラーの戦車軍を撤退させるのに一役買った。その後、GAZはソヴィエト連邦（ソ連）高官用の公用車も開発・供給し、なかにはロータリー（回転子）を三つもつ3ローター・エンジンを積んだ仕様も存在したといわれている。

フォードよりも多様なモデルを開発し、海外生産に積極的で、先んじて自動車購入ローンを提供したのが、一九〇八年に設立され、アメリカ「ビッグ3」の頂点に君臨するゼネラルモーターズ（GM）である。前身はビュイックだが、〇九年、後にアメリカを代表する高級車ブランドに成長するキャデラックを買収した。一七年にシボレーを傘下に収め、高級車から大衆車までフル・ラインナップをそろえた。

T型フォード

二五年にはイギリスのボクスホール、二九年にドイツのオペル、三一年にオーストラリアのホールデンも買収するなど、GMは海外進出にも積極的だった。ただし、日本・アジア進出はフォードに先行を許している。フォードは二五年、GMは二七年に日本に進出し、アジア向けの輸出にも積極的だった。GMに積極投資していたのは、原爆開発にも参画した化学メーカー、デュポンであった。

ビッグスリーの最後の一角は、クライスラーである。二五年に創業し、二八年にスポーツカーやピックアップ・トラックで後に有名になるダッジを買収し、急成長した。日本では馴染みが薄いが、クライスラーは先進的な技術を大衆車に積極的に取り入れるブランドだった。いまでは標準的な四輪油圧ブレーキ、振動を減らすためのエンジンのフローティングマウント、油圧パワーステアリングなどが、クライスラー発の技術である。創造性あふれるクライスラーだったが、海外生産はGMとフォードの後塵《こうじん》を拝した。

発祥の国フランスと世界恐慌

自動車を大量生産する際の手本がT型フォードになった一方、自動車発祥国の一つ、フランスでも大きなイノベーションが起きていた。シトロエンのタイプAである。

アンドレ・シトロエンはダイヤモンド商の一家に生まれ、エコール・ポリテクニークを卒業した後、第一次世界大戦では兵器の大量生産を手掛けて成功した。終戦後の一九年、彼はそのノウハウを自動車生産に生かすべく、家族の苗字を冠した自動車会社を設立した。フランスのフォードになる、と大志を抱いた。

創業した一九年に発表したタイプAは、ヨーロッパで初めて大量生産された自動車となった。一日に二〇〇台生産されたタイプAは、初年度に二万台ほど生産された。シトロエンの車は運転しやすく好評を博し、女性に車の運転を解放した功績も大きい。成功したシトロエンは二五年、「世界一高い」エッフェル塔に縦向きに「CITROËN」の電光掲示を掲げた。四〇キロ彼方からも見え、三四年に経営破綻するまで続いた。こうして、「フランス人が生まれて最初に覚える言葉は、お母さん、お父さん、そしてシトロエン」と言われるまでになった。

一九二九年に襲った世界恐慌は、自動車産業のみならず、経済全体に大きな打撃を与えた。ニューヨーク、ウォール街の株価は九月初旬に下がりはじめ、一〇月下旬に暴落した。二四日に大幅に下げた銘柄には、GMも含まれた。第一次世界大戦以来、重工業の生産能力が過剰だったところに金融バブルの崩壊が重なり、大暴落が起きて、瞬く間に危機が世界中に広がった。銀行はおろか、国家がデフォルトに陥る事態に至った。大英帝国は金本位制を停止し、アメリカは高関税を設定して産業を保護し、国内では景気浮揚のための公共事業を大々的に行う、ニューディール政策を実施した。締め出された後発国ドイツ、イタリア、日本は、非難を浴びつつ新たな植民地の獲得に走った。第二次世界大戦の序曲である。

偉大なる「普通の車」の登場

大恐慌に襲われてなお、シトロエンはひるまなかった。三四年、画期的なシトロエン Traction《トラクシオン》 Avant《アヴァン》（直訳すると「前輪駆動」、すなわち「FF」の意）を発売した。現在の車にも通じる革新的な車体と足回りに、車体前部に積んだエンジンで前輪を駆動するFF構造を組み合わせ、初めて量産車に仕立てたのである。実現しなかったが、オートマ変速（AT）も搭載しようとした。T型フォード以上に、トラクシオン・アヴァンは現代の車の原型を作ったとも言え、シト

シトロエン・トラクシオン・アヴァン

ロエン自身の夢だったフォードを超えてしまった。トラクシオン・アヴァンは戦後の五七年まで、ベルギー、ドイツ、イギリス、デンマークで、合計七六万台近く生産された。

新車が大成功を収めた一方、会社は傾いていた。車種を増やし過ぎた挙句に、車種間でほとんど部品が共用化されず、コストがかさみ過ぎた。くしくもトラクシオン・アヴァンの発売と同じ三四年、シトロエンは倒産し、フランスのタイヤ・メーカー、ミシュランが親会社になった。翌三五年、自分が育てた車たちの飛躍を見る前に、アンドレは他界した。そしてナチ・ドイツの占領下、アンドレの後輩たちは開発中の案件を工場敷地内に埋めて隠蔽し、わざとトラックを組み立て不良で占領独軍に出荷するなど、徹底的な消極抗戦で他日を期した。

アンドレが最初に開設したセーヌ川沿いの工場跡地は、彼の名前を冠した公園になっている。

国家の大黒柱に

自動車が大量生産されるようになって、自動車の価格と維持費が安くなり、同時に品質のバラつきが減った。そして、この消費財は国家の富と力の源泉になった。生産台数が増えることで多くの労働者を工場で雇うことになり、農村から都市へ人口が大量流出し、労働者の所得が上昇した。そのような工場を誘致したい自治体、ひいては国家間で、綱引きが激化した。生産台数が増えることでメーカーの規模が大きくなり、販売網も拡大し、自動車産業は一大セクターになっていった。

こうした流れを決定的にしたのが、二度の世界大戦である。自動車産業は単に経済の主要セクターの一つであるばかりではなく、国防を担う基幹産業、国家の屋台骨の一つになっていった。最先端の技術を開発し、相手国よりも優位なエンジンを作り、安定供給することで、国家を勝利に導いた。GM社長のチャーリー・ウィルソンは「GMにいいことは、アメリカにとっていいこと」、つまり「GMは国家なり」と自信満々に語ったと言われる。第二次大戦が終わり、西側諸国が復興を遂げるなかで、かつての「鉄は国家なり」という言葉は「自動車は国家なり」と言い換えられるようになっていく。

世界大戦が育てた自動車産業

第一次世界大戦は、世界史における画期だった。「最初の総力戦」と呼ばれ、国家の軍隊同士が前線で対峙するだけではなく、その後方を支える国家の経済力、技術力、人口規模などを全て投入しなければ勝てない戦争となった。潜水艦、戦車、航空機など、最新鋭の兵器が発明され投入された。イギリスが発明した戦車が「タンク」と呼ばれるようになったのは、ドーバー海峡を秘密裏に渡って前線に投入されるため、開発コード名が「水用タンク」だったことに由来する。マークⅠ戦車は水冷一六〇〇〇ccのガソリン・エンジンが一〇五馬力を発生し、時速六キロで前進した。

その後、各国は戦車を陸軍の中心戦力として開発したが、これを現代的な形で大規模に投入したのはドイツの独裁者ヒトラーだった。電撃戦と呼ばれる一気呵成《いっきかせい》の攻撃は、戦車、兵員輸送車、空挺部隊（パラシュートで最前線の後ろに降下する部隊）と急降下爆撃機が一斉に襲い掛かる新しい戦術で、その核心は自動車だった。それまでは戦車に随伴する歩兵が歩いて進軍していたため、一日当たりの移動距離はせいぜい二〇キロだった。ヒトラーは歩兵を装甲車やトラックに乗せて戦車に追随させ、飛躍的に奇襲能力を向上させた。

ベルギーとオランダの中立を一方的に侵して進軍するドイツ軍は、わずか一カ月ほどでパリを陥落させ、フランスに屈辱を味わわせた。ルノーB1戦車は、ドイツのⅠ号、Ⅱ号戦車の進軍を止められなかった。なお、そのような兵員輸送車を「けちって」T34戦車の背中に歩兵を乗せて進軍させたソ連軍は、モスクワを目指して進軍するドイツ軍を相手に、大戦中で最多の犠牲者を出した。戦車が一撃をくらうと、乗っていた歩兵も全滅するからだ。

実現こそしなかったが、ヒトラーはドイツにおける大衆車の普及にも先鞭《せんべん》をつけた。次章で紹介するように、西欧諸国で大衆車が本格的に普及するのは、第二次世界大戦後である。ヒトラーの命を受けたポルシェの創業者、フェルディナント・ポルシェがVolkswagen《フォルクスワーゲン》 Beetle《ビートル》の原型、KdF《カーデーエフ》-Wagen《ワーゲン》（歓喜力行団自動車）を三八年に完成させた。少量の試作品が完成しただけで終わり、国民の手には渡らなかった。またポルシェの精緻過ぎる試作車を大幅に簡素化した指南役は、アメリカのフォードだった。KdF-Wagenを元に超簡素に作られた四人乗りの軍用車Kübelwagen《キューベルワーゲン》が、ドイツ版JEEPとして戦場で活躍した。

戦中はフォルクスワーゲン（VW）に限らず、ドイツの自動車メーカーは侵攻したポーランドやロシアの捕虜を強制労働に駆り立てた。ヒトラーは一方的な優生民族思想をナチの党是とし、これを正当化した。戦後「人道に対する罪」を問われた、黒歴史である。ナチ・ドイツと枢軸関係にあった戦前・戦中の日本にも黒歴史があったことを想起したい。

KdFワーゲンを戦後になってから改良・量産してアメリカに輸出し、VW社の基礎を築いたのは、VWの本拠地となるウォルフスブルクを管轄するイギリス占領軍のアイヴァン・ハースト少佐だった。堅固で簡素に作られたKdFワーゲンは装い新たに「ビートル」と名前を変えてドイツの国民車となり、七二年には、一五〇〇万台を誇ったT型フォードの生産台数記録を塗り替えた。後ほど紹介するが、トヨタと日産に抜かれるまで、VWはアメリカで最も売れる輸入車メーカーだった。ビートルは二〇〇三年、メキシコでの生産が終了するまで、累計二一〇〇万台以上生産された。

兵器産業と紙一重?

日本では現在のトヨタのイメージが強いため、あまり意識されないが、自動車産業は航空機産業、ひいては軍需産業と表裏一体のことが多い。日本では、アメリカのボーイングや欧州のエアバスのサプライヤーである三菱とスバルがこれに近いイメージである。イギリスのロールス・ロイスの航空機エンジン部門は経営難のため、一九七三年に高級車部門と切り離されたが、元々は一つの会社が戦闘機、爆撃機や船舶のエンジンも開発・生産し、二つの世界大戦でイギリス軍を支えた。

VWビートル

その世界最高峰のV12航空エンジンの設計思想を継いだエンジンを積んだ車が、ロールス・ロイス・シルヴァークラウドⅡと、姉妹ブランドのベントレーS2だった。このV8「Lシリーズ」と呼ばれるエンジンは一九五九年以来、二〇二〇年六月に最後のベントレー・ミュルザンヌに搭載されるまで生産され、世界で最も長く生産されたエンジンの一つとなった。排ガス対策やターボの追加などの変更があったとはいえ、大戦当時の航空エンジンの息吹を感じることができる。

戦後の西ドイツでも、構図は似ている。第二次大戦後、航空機産業を束ねたのはメッサーシュミット社を中心に合併したドイツ・エアバスである。メッサーシュミットは独エアバスを構成する有力企業体の一つだが、ドイツ・エアバスの親会社はダイムラー・ベンツ（現：メルセデス・ベンツ）である。また、BMWの社名は、邦訳すれば「バイエルン・エンジン工業」であり、第二次大戦中はオートバイR71やR75のみならず、航空エンジンも生産していた。

ちなみに、映画『大脱走』の中で脱走米兵捕虜を演じるスティーブ・マックイーンが駆る撮影車はトライアンフTR6だが、仮に収容所から脱走後にドイツ兵からオートバイを奪ったとしたら、それはBMWのR71かR75のどちらかであろう。当時とほぼ同型のサイドカー付きオートバイは、いまもロシアIMZ社のURAL《ウラル》として生産されており、手に入れることができる。なお、日本軍にも機械化歩兵はいたが、その主力は自転車だった。

ベントレー・ミュルザンヌ

ダイハツ、トヨタ、日産、ホンダの誕生

ここからは「日本版ビッグ3」、すなわちトヨタ、日産、ホンダの歴史を振り返ってみたい。その前に、現役の日系メーカーのなかで最古参であり、日本で初めてエンジンの試作に成功したダイハツの成り立ちについて触れておこう。

ダイハツは、一九〇七年に発動機製造株式会社として創業した。大阪大学工学部の源流にあたる研究者や技術者が集まった、いまで言う大学発のスタートアップであり、当時は輸入に頼っていたエンジンを国産化することを目指した。創業年に初の国産エンジンの開発に成功した。同業他社と区別するため、「大阪の発動機」を詰めて「大発《だいはつ》」と呼ぶようになり、三〇年に「ダイハツ」という愛称のオート三輪を開発し、人気を博した。

第一次世界大戦が勃発する直前の時代、日本の公道を走る車はアメ車が大多数だった。国産の自動車を開発すべく、日産の源流にあたる快進社が設立されたのが一九一一年のことである。大戦が勃発した一四年、最初の国産車DAT号（脱兎号）が完成し、上野恩賜公園で開催された東京大正博覧会に出品、銅牌を授与された。快進社は今となっては高級住宅街となった東京都の広尾に創業し、土地を提供したのは後に総理大臣になる吉田茂である。「DAT」は出資者三名のイニシャルだが、「T」はコマツの創業者、竹内明太郎である。

一九二三年に襲った関東大震災もあり、経営難に陥った会社を三一年に引き取ったのが、一九一〇年に戸畑鋳物を創業した鮎川義介だった。翌三二年、宮崎駿監督『君たちはどう生きる

か』にも登場する、DAT号の後継ダットサン号が完成した。生産を本格化するため三三年に戸畑鋳物自動車部が開設され、横浜工場が開設された。三三年といえば、満州事変を非難され、日本が国際連盟を脱退した年である。翌三四年、一〇〇パーセント日本産業の資本となり、社名が日産自動車となった。

トヨタの生い立ちは、日産とは異なるものだった。源流は豊田佐吉が創設した織機メーカーであり、自動車や織物を作る際に必要な製造機械が本業だった。自動織機の初号機が完成したのが一九二四年である。世界恐慌の翌年、三〇年に商工省が自動車工業の確立を打ち出し、これを受けて、名古屋市長が中京自動車工業化構想（中京デトロイト化構想）を提唱した。

構想の試作車はマネタイズに至らなかったが、経営の多角化を目指す豊田利三郎は、三三年に豊田自動織機自動車部を立ち上げ、渡米後にGMの日本支社に勤めていた川越庸一を部長に迎えた。川越は中京デトロイト化構想の創案者でもあり、三四年にエンジン、翌三五年に初号機、A1型乗用車とG1型トラックが完成した。後に「販売の神様」と呼ばれる神谷正太郎も三五年に入社している。三七年八月、トヨタ自動車工業が誕生した。くしくも同年は、現在トヨタとグローバル首位を争うVWの創業年でもある。

ホンダは三社のなかで最後発である。一九二二年、故郷浜松から上京した本田宗一郎は自動車修理工としてアート商会（現：アート金属工業）で修業した後、二八年に帰郷してアート商会の（初）支店を開いた。本田は東海精機重工業をトヨタの前身、豊田自動織機に部品を納入するサプライヤーに成長させたが、終戦間際の四五年、地震で工場が倒壊し、自身は経営から退いた。一年休養した本田は四六年に本田技術研究所を浜松に開設し、妻の買い物を楽にするため、陸軍用の発電エンジンを補助エンジンとして自転車に装着した。翌年には独自のA型エンジンを開発し、四八年に本田技研工業を創業した。ホンダの祖業は二輪であり、エンジンなのである。

歓迎されない日本の台頭

戦後の日本は自動車産業が最大のセクターとなり、これに近い経済構造の先進国は多い。例外はアメリカである。目下、アメリカ最大の民間セクターは金融とIT産業であり、これとは別に圧倒的な軍需産業を擁する。アメリカの兵器開発予算は、二位から一〇位までの国家全ての開発費を足しても及ばないほどずば抜けたもので、これはアメリカの自動車産業を考える上でも忘れてはならない重要なファクターだ。

極めてひねくれた見方をすれば、日独がアメリカのメーカーに自動車の生産台数で勝ったとしても、それは日独の一番手が、アメリカの「二番手」に勝っただけのこととも言える。自動車に新たな技術を導入する急先鋒は常にアメリカであり、それも軍用に開発された技術である。その「二番手」の自動車産業でも、昨今は新興テスラの躍進や古豪GMの復活など、話題には事欠かない。二一世紀に入ってからの中国の台頭は、第二次大戦から七〇年ぶりに、この「序列」に対する挑戦者が現れたことを意味している。

かつては日本も、急速に台頭する新しい産業国として警戒された。第二次大戦前の大英帝国では、日英同盟（一九〇二年）を無視して海軍を増強する大日本帝国に対し、黄禍論が流行した。第二次大戦の敗戦を経て、日本は専守防衛の平和国家となったが、戦後の経済成長に伴って自動車の品質が急速に向上した。これにより、戦前の黄禍論にかわり、日本車脅威論が米欧で盛んに議論され、一部は日本車排斥運動にまで発展した。いま日本をはじめ、米欧が警戒する中国の台頭は、一九六〇年から九〇年代までの日本の姿と重なる。

国家間競争を序列で可視化する

並みいる大企業を差し置いて自動車生産において台頭することは、容易なことではない。産業が発達したからといって、全ての先進国が自動車を生産する経済大国に化けるわけではない。エンジンや車体フレームの設計、電子制御など、極めて高度な技術と知識、経験が必要だ。昨今は特に、コンプライアンスや知財面での法務、広報の蓄積も無視できない。

自動車生産国が台頭する過程をわかりやすく説明するため、自動車産業に特化した国家間のグローバルな「序列」を可視化したい。自動車産業内の分業ピラミッド構造を説明する際によく用いられる「ティア（層）構造」になぞらえ、国家分類を整理してみたい。

まずは、元々のティア構造について説明しておこう。自動車生産の分業ピラミッドの頂上に

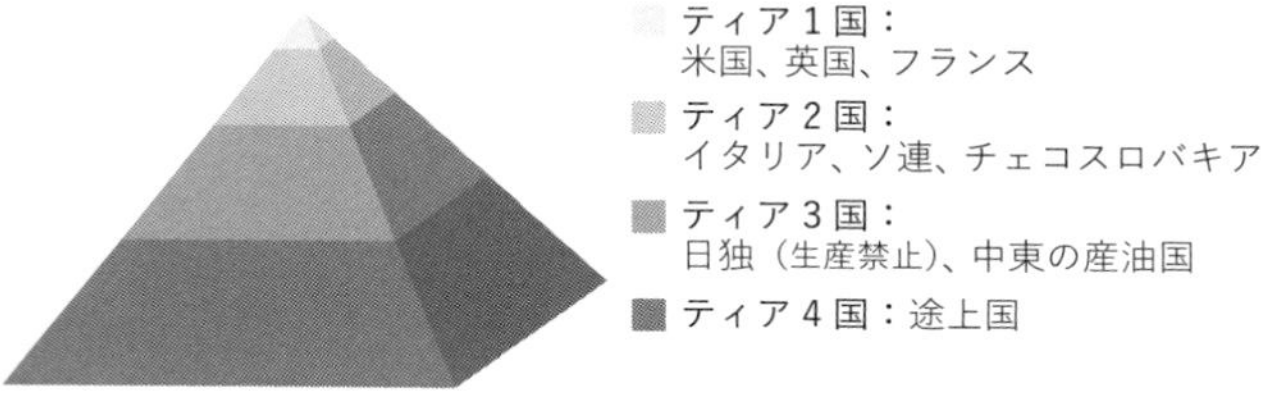

図0－1　ティア構造、1945年

位置するのは、車を開発し完成車を組み立てる自動車メーカーである。この真下に、基幹となる重要部品を供給するティア1があり、大手部品メーカー、タイヤ・メーカー、電子機器メーカー、鉄鋼・ガラスメーカーなどのグローバル企業が並ぶ。その下のティア2に、ティア1の企業に納品する下請け企業があり、その下のティア3に孫請け企業が裾野をひろげ、サプライチェーンを構成する。

このピラミッドの図を、国家の自動車産業の有無とその競争力、部品供給産業の有無と競争力、市場規模などを尺度に並べてみた図が0－1〜0－4である。各章で登場する各国の盛衰を階層構造のなかの昇り降りとして年代順に整理しているので、予告的に確認してみてほしい。ある国が下のティアから上昇したかどうか、たとえば日本が頂上のT1国に仲間入りしたかどうかは、アメリカをはじめとする先進国への輸出をはじめた時点ではなく、そのような輸出を一〇年間、続けることができたかどうかで測る。

なぜ「一〇年」が基準かといえば、日本を例にとれば、通産省が国民車構想を発表（五五年）してから「マイカー元年」（六六年）を迎えるまでおよそ一〇年、トヨタが対米輸出台数でVWを上回る

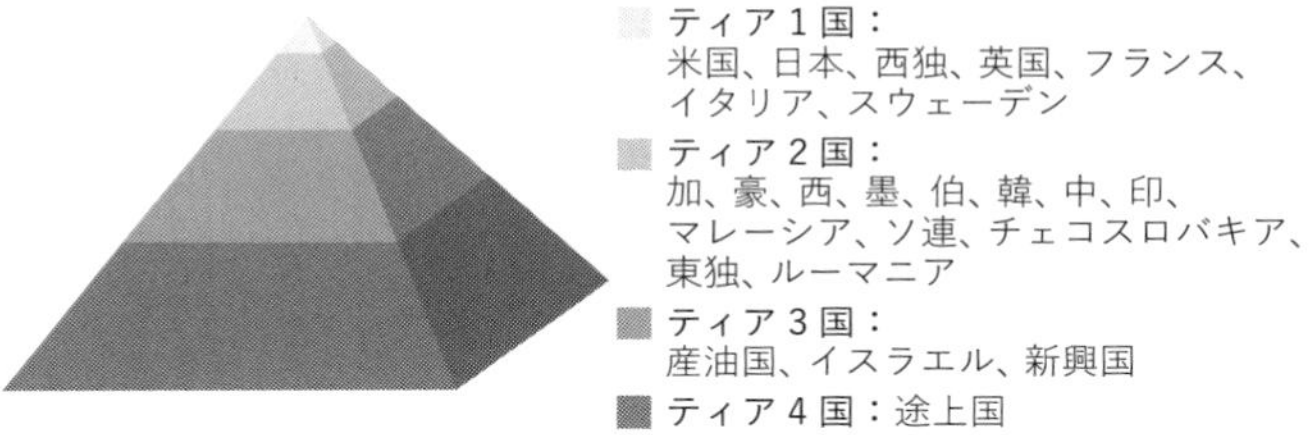

図0-2　ティア構造、1973年

（七五年）のには、さらに一〇年かかった。メーカーでいえば、テスラが初の市販車第一号車のロードスターを二〇〇八年に送り出してから二〇二〇年に黒字化するまで一〇年以上かかった。逆に掃除機で知られるダイソンがEVの開発を水面下で進めたのが二〇一四年で、撤退発表が二〇一九年だった。一〇年は、一つの区切りなのである。

ピラミッドの頂上「T1国」

ピラミッドの頂上は、T1国家である。独自の自動車ブランドが複数あり、その開発と生産・輸出、進出先で現地生産を行っている国が該当する。アメリカ、ドイツ、フランス、イギリス、イタリア、スウェーデン、日本、韓国などが含まれ、多国籍企業の本拠地となっている国々である。第二次大戦前に正真正銘のT1国となったのは、海外で現地生産を展開したアメリカとフランスなど、限られた国だけである。また現在、日本市場で存在感のない韓国が日本と同列の「自動車大国」とされることを疑問に思う方がいるかもしれないが、かつて日本車が米欧市場で築いた「手頃な値段ながら壊れな

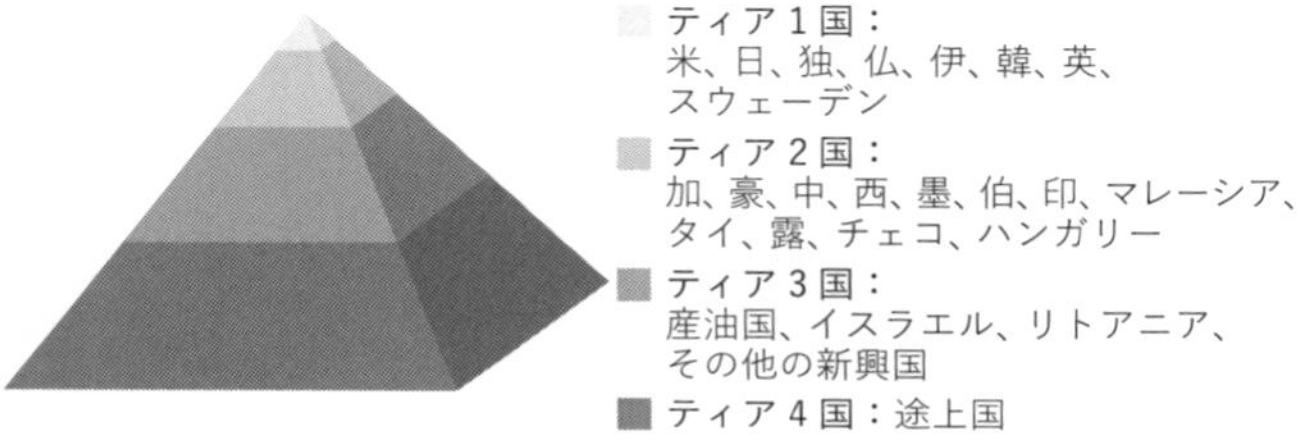

図0－3　ティア構造、2000年

い省燃費の車」という位置付けは、実は（家電や事務機器と同じく）現代《ヒョンデ》にお株を奪われて久しい。

昨今、ＥＶや自動運転車で台頭する中国だが、先進国への輸出が少なく、Ｔ１に含まれるのかは微妙である。ただ、仮に一つ下の準Ｔ１層国だったとしても、成長著しい膨大な国内市場と政府による積極支援により、そのポジションを完全に脱するのも時間の問題であろう。ティアの境界線上に位置する国こそ、業界のゲームチェンジャーとなりうるのである。すでに二〇〇九年、中国は新車販売台数でアメリカを抜いて世界トップとなり、以降は首位のまま現在に至る。中国は二〇一五年に「中国製造二〇二五」を発表し、二五年までに自動車強国の仲間入りをすると宣言した。Ｔ１国宣言、と理解していい内容である。逆に、自国資本のメーカーが皆無となり、海外生産も乏しいイギリスが今もＴ１に属するのか、疑う議論もあるかもしれない。

Ｔ１国を脅かすパートナー「準Ｔ１国」

先ほど述べたとおり、Ｔ１の一つ下に位置するのが、準Ｔ１国

図0-4　ティア構造、2022年

家である。これらの国家群は、Ｔ１国にない部品を開発・供給でき、あるいはスタートアップ企業が少量生産ながら先駆的な自動車を開発・生産・輸出している。他には、グローバルな海運のキープレーヤー、あるいは金融などに強くて自動車産業に投資する側の国で、環境規制など国際基準の策定に影響力がある国が含まれる。昨今は米欧の投資機関や「もの言う株主」が脱炭素に消極的と見られる企業への投資を見合わせるなど、車づくりに対する発言力を増している。準Ｔ１国とは、サプライチェーンに甚大な影響を与えうるなど、Ｔ１に欠かせない（替えがきかない）パートナー国である。オランダ、デンマーク、スイス、フィンランド、クロアチア、南アフリカ、イスラエルなどが含まれている。

　オランダとデンマークは、自転車（ロードバイク）産業のグローバルなリーダーでもあり、環境規制に最も積極的で、グローバルな海運にも強く、経済規模は小さいが存在感は大きい。ちなみに三菱アウトランダーＰＨＥＶ（プラグイン・ハイブリッド）が欧州で最初に売られたのが二〇一三年のオランダであり、以来アウトランダーが常に販売台数のトップグループにいる、一風変わった国である。イスラエルは自動運転車に必須の電子機器類で、近年急速に存在感を増している。

なぜT1とT2の間に、準T1層が必要なのか。ここでも、昨今の中国の位置付けが鍵となる。EVが普及しておらず、エンジン車だけが流通している冷戦中は、準T1という階層を使って分類をする必要はない。エンジンの開発・生産と、これに見合った車体の開発は相当のノウハウを要するため、これができるT1国とそれ未満の国の間には、大きな壁があった。しかし、EVはモーターと電池を積む「だけ」であり、あまりに複雑で専門的なエンジン関連のノウハウがなくても、車を開発・生産できてしまう。加えて、電子機器類や半導体は、自動車メーカー単体では開発しきれないほど高度化しており、部品サプライヤーの「地位」が格段に向上している。ゆえに、EV元年である二〇〇九年以降は、EVや自動運転車に必要な最先端の部品を開発できる準T1国をT1とT2の間に分類し、T1入りに名乗りを上げる国として、T2と分ける必要がある。

最先端ではない自動車を生産する「T2国」

T2国の定義は少々長くなる。すなわち、自動車生産国であり、自国ブランドもあり、先進国メーカーのノックダウン生産（KD）や他社ブランドの製造（OEM）も引き受けるが、T

1および準T1のような最先端の開発が弱い国々、あるいは主に自国向けの完成車は供給しているが、先進国向けの独自の輸出が少ない国々である。前者はスペイン、チェコ、メキシコなどが該当し、後者にはマレーシア、ロシア、インドなどが該当する。後述するように、中国も少し前まではこのポジションであった。

なぜ南アフリカとクロアチアが準T1で、スペインが下のT2なのか。スペインには（日本では馴染みが薄いが）VW傘下のセアト、チェコには同じくシュコダがあるが、親会社であるVWにない最先端の開発資源があるわけではなく、たとえばVW車のように日本には正規輸出されない。セアトはVW車のパッケージと品質をより廉価に買えるブランドとしてヨーロッパを中心に人気だが、同じVW品質をもっと安く売るシュコダに対して価格優位がなく、中位国の苦しい立場の典型である。

ロシアはソ連だった冷戦時代から自動車産業があるが、西側先進国に輸出できる独自の競争力は今も昔もなく、主に国内（ソ連圏内）向けの供給である。友人のロシア人と車談義で盛り上がった際、筆者が「ロシアの自動車産業」と口にした途端、彼に「それはジョークか？」と突っ込まれた。T2と準T1の間には、大きな壁があるのである。

準T1とT2の差は、完成車を組み立てているかどうか、ではない。T1が必要とする最先端の部品やソフトを開発・供給できるか、T1にない技術やノウハウ、そしてスタートアップのような提案力、破壊力があるか、が肝要である。二〇〇〇年代初盤ごろの中国は、T2に甘んじていた。政府の主導によって、EVへの積極シフトと環境規制の強化（厳密には、マイカーの登録制限）を自ら打ち出すことで、中国は先進国にない自動車、特にEVを国内向けに大量供給しはじめた。

単に完成車の組み立て工場があれば、車が売れて貿易黒字になるというほど、自動車産業は単純ではない。付加価値が高く値段の高い部品を輸入に頼っていては、組み立てた完成車を輸出しても大きな儲けにならないし、高級車や上位車種の生産を任せてもらえない。最先端の部品を供給でき、かつ完成車の組み立て工場も擁するT1国は、別格なのである。

EVやハイブリッド車のバッテリーは、日韓を除き、大半は中国で生産されており、開発力においても頭角を現している。準T1への仲間入りは、企業努力だけでも、政府の振興策だけでも不可能なのである。その両方が車の両輪のごとくそろったときにはじめて、昨今の中国のように猛然とターボがかかるのである。そして作られた車が市場で売れなければ、企業の収益も政府の税収（とさらなる開発支援）も向上しないため、「市場の声」も不可欠である。現在の日本の危機は、こうした中国の「地味な」台頭の背景について、あまりに無関心なことだろう。

いいお客様「T3国」

T3から下は、自国で自動車を生産しない国のグループである。そのなかでも、比較的裕福な資源国と新興国、途上国などがT3に属する。エネルギー資源を輸出するなど一定程度に豊かな中東の産油国は、高級車を含む自動車の輸入が多く、大切な「お客様」である。

車を走らせるために必須な石油を輸出している国が、なぜオランダやデンマークよりも下位なのか。石油供給は産油国が単独でコントロールできるわけではなく、シェル（旧ロイヤル・ダッチ・シェル）のように、むしろ先進国の石油大手が握っているからである。EVや水素で走る車の普及とこれに伴う石油消費の減少により、産油国の影響力は今後ゆるやかに縮小していくだろう。

産油国の他にも、自動車の生産こそしていないが、「先進国クラブ」であるOECDに加盟しているコスタリカ、ラトビア、リトアニアのような国々もT3に分類される。たとえばシンガポールは豊かな国であるが、自動車生産国ではなかった。ところが二〇一七年九月、掃除機で有名なイギリスのダイソンがシンガポールでEVの生産に挑戦すると発表した。ダイソンは本社をシンガポールに移し、シンガポールは一挙に準T1かT1にジャンプアップするかに思われたが、ダイソンは一九年一〇月に開発打ち切りを発表した。それでもなお、シンガポールは自動運転車の実装に官民が力を入れており、スタートアップ企業がダイソンの挑戦に続く可能性はある。

最後のフロンティア「T4国」

最後に、本来のティア構造には登場しないT4である。これに属する国家は輸出などによる富の蓄積が少なく、中古車を中心に自動車を全量輸入している国々である。大部分の途上国が該当するが、今後これらの国々に飛躍のチャンスはないのかというと、筆者はそうは思わない。個人的な思い出だが、ドイツに留学した二〇〇六年当時、インターネット・カフェのバングラデシュ人の店長に、「トヨタの工場を我が国に連れてきてほしい」と相談された。当時は無線LANなど普及しているはずもなく、自分のノートパソコンを持参してネカフェで有線LANに接続し、インターネットをしていた時代である。携帯はノキアのガラケーだった。

筆者に工場誘致の権限などあるはずもないのだが、いつもお世話になっている店長を無下にあしらうこともためらわれ、「いきなり自動車工場は難しいので、まずはオートバイの工場が先で、国民が普段のアシとして自転車に代わってオートバイに乗るようになることを優先しましょう」と力説した。いまだバングラデシュに日系の自動車工場はないが、ユニクロをはじめ、繊維業界の工場が進出し、巨大な雇用を生み出している。この例だけでも、一七年前からすると隔世の感がある。いつどのようにティアの階段を駆け上がるのかは、専門家でも予測が難しい。T4国の動向も、刻一刻と変わっていくのである。

◎◎◎

さて、次章からは、米欧諸国に交じって日本が自動車大国として台頭する物語を見ていこう。

第二次世界大戦の終戦後、アメリカは圧倒的な豊かさを武器に、大きくて贅沢な車をたくさん生んだ。欧州諸国は戦後復興のなかで世界的に愛される大衆車を生み出し、車の普及が経済成長を牽引《けんいん》した。少し遅れてアジア諸国が続いたが、その筆頭が、日本（と韓国）だった。

第一章　大衆車普及への道
——終戦と高度成長

本章では、アメリカとソ連が世界を二分して対峙した東西冷戦の下、それぞれ西側陣営と東側陣営でどのように自動車産業が成長したのか、その歴史をたどる。西欧諸国では、それぞれのお国柄や道路事情、生活様式に即した個性豊かな大衆車が発売され、戦後の高度成長を引っ張った。日本も西側陣営の一員として国際社会に復帰し、まもなく先進国の仲間入りを果たした。その立役者であり、象徴となったのが、自動車産業だった。

焼け野原からのスタート

戦勝国として日本を占領したアメリカ（およびイギリス）は、自動車生産を禁止した。再軍備を禁止し、戦争に協力した財閥を解体し、日本を民主化する一環としての取り決めだった。しかし一九五〇年六月、中国とソ連の支援を受けた北朝鮮軍が韓国に侵攻して朝鮮戦争が勃発すると、一転して規制を解く。日本が共産化することを防ぎ、東西冷戦のなかでソ連に対峙する防波堤として、豊かで自立した同盟国にするためだった。

遡ること三年、米トルーマン大統領はソ連による西欧への膨張を恐れ、これら諸国の復興を支援する決断を下した。四七年六月、マーシャル・プランが発表されたが、ソ連は東欧諸国の参加を認めず、自らの陣営に抱え込んだ。日独枢軸国を敗戦に追い込んだ連合国の間に東西の亀裂が入りはじめたことをとらえ、戦中にイギリスの首相だったウィンストン・チャーチルはこれを「鉄のカーテン」と呼んだ。冷戦(Cold War)のはじまりである。

一九四四年六月に連合軍のノルマンディー上陸を指揮し、後にアメリカ大統領に就任したドワイト・アイゼンハワーは、"weakness can only beg(貧しさは物乞いしか生まない=同盟国が貧しいとアメリカの負担が増す)"と述べ、日本を含め、西側諸国が自立して経済的に豊かになることを望んだ。九条に代表される平和憲法(四七年五月施行)を旗印に、日本は国家資源を経済成長に集中投下した。こうした方針は、終戦後に長らく総理として君臨した吉田茂の名前にちなみ、「吉田ドクトリン」と呼ばれている。日本は五一年九月に日米安保条約、同時に四八カ国と平和条約を結んで戦後処理に区切りをつけ、占領から解放された。

教材としてのJEEP

米ボーイングB29による空襲で焼け野原になった日本の道を、占領軍のJEEPが走り回った。その後ろを、空腹をこらえた子供たちが「ギブミー、チョコレート、ガム」と追いかけた。学校で英語を教えなくても、英語は身につくのである。そして、JEEPを教材にして戦後の生き延び方を学んだのは、子供たちだけではなかった。

JEEPは、第二次大戦中に登場した本格的な小型四輪駆動車（4WD）であり、悪路の走破性に優れながら修理が楽で、アメリカを勝利に導いた最も優秀な「兵器」とたたえられた。米兵が駆るJEEPの修理を請け負ったトヨタは、五一年にトヨタ・ジープBJを登場させ、これを参考にランドクルーザーを五四年に開発した。五三年からウイリス社のJEEPを三菱ジープとしてノックダウン生産した三菱は、八二年にパジェロを登場させた。五〇年、三菱重工業は占領軍によって三社に分割されており、商号の再使用が認められたのが五二年で、三社の再合併と復活は六四年まで遅れた。

ウイリスJEEP

急成長をはじめた日本経済を指し、『経済白書』が「もはや戦後ではない」と謳《うた》ったのは、五六年のことだった。同年には東海道線が全線電化を果たし、蒸気機関車は後景へ退いた。遡ること三年、自動車生産は五三年に戦前の水準を超えていた。終戦からわずか八年である。翌年四月には第一回全日本自動車ショー（六四年より東京モーターショーに改称）が日比谷公園で開かれた。通産省は五五年、国民車構想を発表し、五九年には自動車輸出台数が戦前を超え、戦後成長は順調だった。日本の戦後は商用車・実用車の生産からはじまったと言っても、過言ではない。

T2国としての国際社会復帰

日本の国際社会への復帰は、五六年一二月の国連（四五年一〇月創設）加盟ではなく、前年九月のGATT（関税と貿易に関する一般協定、九五年一月以降WTO、世界貿易機関）への加盟、さらに遡り、五二年のIMF（国際通貨基金）および世界銀行への加盟からはじまった。国連加盟は五六年の日ソ国交正常化を待たなければならなかったため、日本の復帰は経済面が先行したのである。日本の技術力の高さを証明した東海道新幹線の開業は、世銀からの融資で賄われた。

西ドイツ以外の西欧諸国が日本のGATT加盟に反対するなか、アメリカが強力に日本の加入を後押しした。自由な輸出を制限することで、日本が「自由世界の孤児」となり、追い込まれて過激化するという、戦前と同じ轍《てつ》を踏まないためだ。またそれは、戦前は「日本の輸出市場」だった中国・アジアを、戦後はアメリカ市場が肩代わりするという決意の表れでもあった。周知のように、日本はアメリカ市場で（アメリカが予期した以上に）荒稼ぎをするようになり、後に貿易摩擦に発展する。ただし、五〇年代・六〇年代に問題視されたのは繊維、鉄鋼であり、自動車は蚊帳の外だった。大排気量のアメ車に対し、日本車は馬力も走行安定性も、歯が立たなかった。自動車産業の成長は、むしろ国内市場が主力であり、T2国に甘んじていた。

黄金の五〇年代とアメ車

第二次大戦で本土が戦場にならず、ソ連も含む連合国に物資と兵器を供給し続けたアメリカに、世界中の金塊の六割が集まった。そんなアメリカは資本主義経済、自由と民主主義を是とする西側の国々を同盟で結びつける超大国、覇権国として、黄金の五〇年代を謳歌《おうか》した。「もっと馬力を」「もっときらびやかに」という、圧倒的な豊かさと楽観が車づくりにも大いに反映された。

豪華絢爛《けんらん》の頂点は、歴代大統領専用車にも選ばれるキャデラックである。キャデラック・エルドラドの切り立ったテールは、自動車史上最も高く聳《そび》え立ち、日本の公道では不必要に長いように見える。どんな車を横に並べても小さく貧相に見え、同社が近年登場させているCTSやドゥビル（デビル）すら簡素に見えてしまう。そして、アメリカ特有のマッチョなマッスルカーも、次々に登場した。

キャデラック・エルドラド

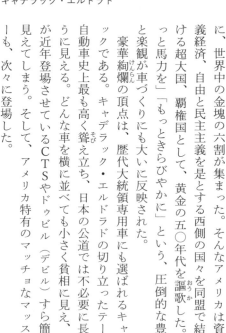

最も早く五三年にデビューしたのが、GM傘下のシボレー・コルベットである。五五年には、現在も生産されるV8「スモールブロック」エンジンを投入し、初の純アメリカ産スポーツカーとして大成功した。しかし、フォードとクライスラーは、すぐには追随しなかった。フォード・マスタングは六四年に発表され、ダッジ・チャージャーは六六年の登場である。対抗して、シボレーはカマロを投入した。

アメリカで売れるスポーツカーは、英語で「エキゾチックカー」と呼ばれるように、海外、特にヨーロッパから少量輸入する高級車のことを指した。本国産の車を「ありがたみがいまひとつ」と思う感覚は、昭和の日本人に似ていなくもない。

ビッグ3のマッスルカーが出そろうまでの一〇年間、ハリウッドスターたちの愛車といえば、優雅なシルエットのイギリス製ジャガー・Eタイプや、ポール・ニューマンも所有した(上向きに開く)ガルウイング・ドアのドイツ製ベンツ300SL、そして、若くして亡くなったジェームズ・ディーンが愛したポルシェ550スパイダーなどだった。

大衆車の普及とT1国入り

日本の自動車産業の話に立ち入る前に、日本よりも早く大衆車が普及した東西ヨーロッパの事情を見てみよう。英独仏伊には、それぞれ異なる生活様式、道路事情、運転に対する考え方に基づいた、個性豊かな名車が多数生まれ、現在に至るまで愛されている。

序章で紹介したように、自動車の大量生産をはじめたのはアメリカであり、西欧諸国で大衆車が本格的に普及したのは第二次世界大戦後である。フランスのシトロエンは開発ターゲットを農民に定め、四八年に2CVを登場させ、車を庶民に身近な消費財にした。簡素で頑丈に作られた2CVは安価で修理も簡単で、一九九〇年まで三八〇万台以上生産された。アニメ映画『ルパン三世カリオストロの城』の冒頭にも登場する。2CVは農作業のお伴に適しており、卵を大量に積める積載性が開発コンセプトの一つだったが、その卵が割れない柔らかくてしなやかな乗り味も大きな特徴であり、フランス車の「猫アシ」を体現している。

シトロエン2CV

フランス国内だけではなく、2CVはイギリスで五三年から現地生産され、ポルトガルでも九〇年まで生産されていた。フランスが早くからT1国だったことがわかる。他にチリ、ウルグアイ、アルゼンチン、イラン、そして鉄のカーテンの向こうのユーゴスラビアで生産された。

2CVと同じく『ルパン三世カリオストロの城』にルパンの愛車として登場するイタリアのフィアット500《チンクエチェント》ヌオヴァ（「新型」の意味で、前身は三六年登場）は、五七年に登場した。庶民の足として絶大な支持を得て、七七年まで生産された。丸みを帯びたかわいらしいデザインは、実は鋼板の面積を減らしてコストを抑えるための工夫だった。いまではドイツの高級スポーツカー・ブランドであるポルシェが採用する「凝った」ＲＲ（エンジンを後輪の上に搭載し後輪を駆動する）構造も、エンジンの動力を駆動輪に伝える部品を節約する工夫だった。後述するミニ同様、五六年夏に勃発したスエズ危機と石油価格の高騰が、小さくて安価な車の開発を後押ししたのである。

フィアット500

イギリスと日本の「特別な関係」

戦前すでにアッパー・ミドル層に自動車が普及していたイギリスで、五九年にオースチン7／モーリス・ミニマイナー（以下、ミニ）が登場。これで、ヨーロッパを代表する大衆車が出そろった。ミニはアレックス・イシゴニスが温めた画期的にコンパクトなＦＦ（車の前に積んだエンジンの真下の前輪を駆動する）構造を投入し、全長三メートルほどの小さな車体ながら大人が四人（かろうじて）乗車できる、優れたパッケージだった。同年には映画『ハリー・ポッター』に登場するイギリスフォード・アングリアも発表されている。

ミニは画期的な機構を支える部品群が車両価格を吊り上げてしまい、当初人気がなかったが、使い勝手のよさと愛嬌のあるデザイン、超機敏な機動力もあり、女王エリザベス二世やピーター・セラーズを含むセレブのセカンドカーとして徐々に浸透し、ラリー・モンテカルロをはじめ数々の国際レースで優勝した。同車はローワン・アトキンソン演じるミスター・ビーンの愛車でもあり、生産を終える二〇〇〇年まで五〇〇万台以上生産された長寿モデルだ。ちなみに現行ミニは見た目こそ似ているものの、すでに述べたように、二〇〇一年以降はドイツＢＭＷの傘下にあり、イギリスのオックスフォード工場で生産される「別物」である。

ミニ

なお、イギリスはアメリカに加え、世界各地で独立を果たした旧植民地国にイギリス車を輸出し、五〇年代に黄金期を経験するが、Ｔ１国として日本の自動車産業の成長にも貢献している。日産はオースチンと五二年に技術提携をし、鶴見工場でオースチンＡ20サマーセットを生産した。オースチンは生産機械も日産に提供し、日産ブルーバード（五九年）が開発される基礎が確立された。こうして日本はＴ２からＴ１国への切符を手にしたのである。

日産は提携開始からわずか三年半ほどでサマーセットの

全ての部品を国産化した。日産の対米輸出は五八年にはじまり、オースチンとの提携は六〇年に終了した。

脱お下がり、和製高級車の登場

先述のように、日本における大衆車の普及は、六〇年代中盤まで遅れた。「いつかはクラウン」と羨望の眼差しを浴び続けたトヨタ・クラウンは五五年に登場した。クラウンは五八年に初めて対米輸出されたが、この時点で日本車は大量に輸出されておらず、T2国を脱しきれていなかった。日本を代表するセダンとしてふさわしい金字塔は、信頼性、走行性能と乗り心地の高いバランス、そして五七年に国産車で初めてクーラーを装備した点だ。そしてエアコンも、六五年のクラウンが初となった。

六〇年代に入ると技術が急速に進歩し、六五年には日産プレジデント、六七年にはトヨタ・センチュリーが発売され、ようやく日本で開発された車が総理大臣公用車となった（コラム1参照）。センチュリーは七一年に、国産車で初めて温度自動調整のオートエアコンを採用しており、日本的な「おもてなし」の最先端を走った。

なお、初の国産御料車は六五年に開発がはじまったプリンス・ロイヤルであり、昭和天皇をはじめ皇室に四〇年近く愛用され、二〇〇五年にトヨタ・センチュリーロイヤルにバトンタッチした。プリンス自動車は六六年に日産と合併したため、戦前の立川飛行機の流れをくむプリンスが放った最後の輝きとなった。なお、国産車で最初にパワーウィンドウ（スイッチ操作により開閉可能な窓）を装備したのはプリンス・グロリア、パワーステアリング（パワステ）は日産プレジデントであり、家電「三種の神器」同様、車に不可欠な装備が出そろったのがこの頃であることがわかる。

池田勇人総理が所得倍増計画を提唱し、一層の経済成長路線を鮮明にしたのは六〇年末だった。これに先立ち、岸信介内閣のもと、六〇年一月には日米安保条約が改定された。沖縄はいまだ返還されておらず、米軍の日本での優越的な権限を定めた地位協定は、世論の攻撃対象になった。岸信介総理は、そのような難局をなんとか乗り切らなくてはならなかった。

岸は、商工官僚だった戦前の一九三六年、戦時経済の一環として、日本に進出していたGMとフォードを締め出した人物でもある。そんな岸が、反対闘争を繰り広げる全学連の目を避けるように羽田空港の裏口から渡米するなどして、同盟国であるアメリカのために腐心し、条約改定に努めた。強行された五月の条約批准審議の後、激化した反対闘争のなかで全学連のヒロイン樺美智子が亡くなり、日米修好通商条約一〇〇周年も兼ねたアイゼンハワー大統領の訪日は中止に追い込まれ、岸も七月に退陣した。安保の季節が過ぎ、日本は経済一色になっていく。

こうして、いよいよ「脱お下がり」、脱T2国のステージに突入することになる。大衆車が普及するマイカーの時代の到来である。

◎コラム1　日本の公用車

各国首脳が公務で乗る公用車は、その国（の自動車産業）を代表する顔である。パブリック・ディプロマシー、わかりやすく言えば、賓客に対する「おもてなし」の一部であり、トップセールスも兼ねている。本書では、各章のコラムとして、自国産の車を公用車に採用することができる「幸運な」先進六カ国と中国を順番に紹介していきたい。

センチュリーロイヤル（御料車）

トップバッターは、日本である。戦前戦中、国民が英語をはじめとする敵性言語の使用を禁じられていた時代にもかかわらず、日本の歴代総理大臣はビュイックやパッカード、クライスラーなどアメリカ車を公用車としていた。占領地にて調達したアメリカ車が使われることもあった。この状況は終戦後もしばらく続いたが、日産がイギリス製のオースチン車を五三年にライセンス生産すると、これが岸信介の公用車となった。

六七年、トヨタの創業者、豊田佐吉の生誕一〇〇周年を祝い、センチュリーが登場すると、すぐに公用車として採用され、二〇〇八年洞爺湖サミットを前にレクサスLSハイブリッドにバトンタッチするまで、長く公用車として君臨した。センチュリーは日本車で唯一、V型一二気筒エンジン（スポーツカーの直列六気筒エンジンをV字型に二丁掛けした構造）を積み、片肺だけでも走行可能な軍用車並みのフェール・セーフ機構を備え、唯一無二の最高級車だった。

レクサスLSハイブリッドが後任に選ばれたのは、優れた燃費に代表される環境性能の高さ、信頼性、静粛性、上質な室内空間と言われており、日本を代表するにふさわしい車だからであろう。二〇一八年に登場した三代目センチュリーも再び公用車に復帰しているが、総理大臣公用車がEV（あるいはFCV）に世代交代し、AIの操縦で目的地に向かうのは何年後のことだろうか？

マイカー元年——トヨタ・カローラvs日産サニー

各社が競って大衆車、ファミリーカーを発売したのは、六〇年代に入ってからだった。二輪・三輪メーカーだったスズキ、マツダ、ホンダが四輪乗用車生産に乗り出していた。東京五輪が開催された六四年、マツダ・ファミリアが登場し、全日本自動車ショーは改名して東京モーターショーとなり、海外メーカーも参加するようになった。翌六五年にスズキ・フロンテが登場し、六六年にはトヨタ・カローラ、日産サニー、スバル1000、翌年にはホンダN360（軽乗用車）が発売された。六六年は「マイカー元年」と言われる。

カローラとサニー

最初に登場したのは日産サニーだ。すでに成功を収めていたブルーバードは、未だ庶民には手の届かない高級車だったので、ブルーバードよりも小さい排気量一〇〇〇ccのエンジンを積んだ軽量な車を、と六六年四月に発売されたのがサニーだった。サニー用に開発されたエンジンはレース用の改造にも耐え、小型車用のエンジンとして二〇〇八年まで生産された。

対するトヨタは、対抗馬を投入するにあたり、サニーより大きいエンジンを積んだカローラを六六年一一月に発売した。開発が佳境に入った時点でサニーの排気量が判明したため、販売側の強い要請なども受け、急遽《きゅうきょ》一一〇〇ccのエンジンに拡大して発売した。以降、サニーとカローラは熾《し》烈《れつ》な販売競争を繰り広げ、日本のモータリゼーションを引っ張った。

カローラは六九年から二〇〇一年まで、国内販売台数首位をキープし続けた。一九六九年といえば、東名高速道路が全線開通した年だ。かつてほど国内市場で存在感がないとはいえ、VWビートルを生産台数で抜いたカローラは、二〇一三年に累計生産台数四〇〇〇万台を達成、二〇二一年に五〇〇〇万台を記念した特別モデルを発売した。サニーの名前は二〇〇四年に国内市場から消滅したが、海外版のセダン「セントラ」は、ブルーバードの系譜も引き受けつつ健在である。

輸入の自由化とメーカーの集約

通産省は当初、輸入自由化、外国メーカーとの競争を見据え、ホンダの四輪進出の阻止をはじめ、国産メーカーの集約と「弱小」メーカーの淘汰《とうた》を企図した（特振法）。しかし省内の路線対立に加え、石坂泰三（経団連会長）の強い反対、ホンダのF1優勝（六五年メキシコGP）もあり、方針を撤回した。六七年には日本自動車工業会（自工会）が、川又克二会長（日産社長）の下で発足し、国内のロビイングと対外発信を積極化した。なお、当時通産省が企図した大メーカーへの集約は、皮肉にも現在、トヨタ（ダイハツ、スバル、マツダ、スズキ）、日産（三菱）、ホンダという三極体制、「日本版ビッグ3」として、ほぼ実現している。

マイカー元年の前年にあたる六五年は、「外車」の輸入が完全に自由化された年だった。戦前の輸入車といえば「アメ車」であり、それ以外では、昭和天皇の御料車は、日英同盟の名残が残るロールス・ロイス・シルヴァーゴースト、日独枢軸となった後は（ヒトラーも愛用した）ベンツ770だった。そして終戦後、占領軍の最高位マッカーサー元帥の下へロールス・ロイスで向かったが、770も現役だった。

戦後、現在に至るまで、輸入車シェアの首位はベンツであることが多いが、その輸入を支えたのが、一九一五年創業のヤナセである。会長の梁瀬次郎は戦前日本におけるアメ車の普及に努めた功績で、本田宗一郎や豊田英二、フェアレディZを開発しアメリカ日産を率いた片山豊などとならび、アメリカ自動車殿堂に名を連ねている。

日本車輸出の本格化

マイカー元年を迎えた頃になると、日本車の品質は飛躍的に向上し、アメリカをはじめ他の先進国への輸出が大きく拡大された。六九年に登場したフェアレディZをはじめ、日産車はアメリカでDatsun《ダットサン》と広く認知されていた。ダットサン車はそれまで人気だったVWビートル（当時の通称はbug《バグ》）を放逐しはじめ、バグ・キラー（殺虫剤）と呼ばれるようになった。

Zは前年のブルーバードの総合優勝に続き、七一年のサファリ・ラリーを制し、日本車の知名度を向上させた。荒野を一日中、全開で走るラリーでの勝利は、日本車の信頼性向上を内外に印象付けた。戦前、安価な粗悪品や違法コピー商品を洪水のごとく輸出し、米英から非難された時代とは全く異なる国に、日本は成長した。

信頼性の向上に限らず、日系メーカーは技術開発でも先頭に立つようになった。ドイツのN

SUが開発に成功したロータリー・エンジンは、小型・軽量で高出力のため、次世代のエンジンともてはやされたが、ベンツ、ロールス・ロイス、シトロエンをはじめ、どのメーカーもうまく商品化に結びつけることができなかった。これを後にも先にも唯一実現したのが、六七年にコスモスポーツを発売したマツダだった。世界で初めてロータリー・エンジン車の量産化に道を開いた車である。ロータリー・エンジン車は、ベンチャー魂を好むアメリカで絶賛された。石油危機が勃発するまで、マツダの北米輸出は堅調だった。

日本のT1国入り

国内首位のトヨタ、二位の日産も、黙っていたわけではない。わかりやすいイメージ・リーダーを投入し、国際的な認知を向上させた。

国際的に通用するスポーツカーを必要としたトヨタは六七年、2000GTを発売した。くしくもコスモスポーツと同年の登場で、クラウン用のエンジンをヤマハが大きく手直ししている。足回り、ブレーキなど、全て当時の最高水準の装備が奢《おご》られた。生産台数が少ないことから、初の日本製スーパーカーとも言われる。2000GTは『007は二度死ぬ』に、ショーン・コネリー扮するジェームズ・ボンドのボンドカーとして、丹波哲郎、若林映子《あきこ》、浜美枝など錚々《そうそう》たる顔ぶれと並び、クラウンと共に登場する。それ以前にシリーズのなかで登場した日系人が、『ゴールドフィンガー』に登場する韓国系の殺し屋を演じたハロルド坂田しかいなかったことからすると、「日本」の国際的な認知度が格段に上がったことがわかる。

対して日産は六二年にダットサン・フェアレディ、そしてアメリカ市場にその強化版、Zを六九年に投入した。同年、日産はプリンスから引き継いだスカイラインに最上級のグレード、GT－Rを追加している。のっけからスポーツカーとしてデザインされたZと異なり、スポーティーな高級車として好評だったスカイラインに、レースに出走できるエンジンと足回り、ブレーキを与えたのが、スカイラインGT－Rだった。出走したレースを（ほぼ）総なめにし、五〇勝近くあげた。エアコンはおろか、前席のリクライニング機構など、快適さを提供するための装備が全て省略されたスパルタンな車だったが、現在は人気が高騰し、海外でもプレミア価格で取引されている。

技術力が大きく向上し、ブランドが国際的に認知され、日本車の輸出に弾みがついた。七四年、トヨタ・カローラが量産台数世界一となった。翌七五年、トヨタはアメリカ輸入台数でVWを上回り、首位に立った。正真正銘、T1国家の仲間入りである。

自動車は国家なり

話を六〇年代の日本に戻そう。一九六四年は、様々な意味で象徴的な年だった。東京～新大阪間の東海道新幹線開通（東名高速は六九年開通）もさることながら、日本はOECD（経済協力開発機構）に加盟し、先進国に仲間入りした。OECDは強制力のある決定を下すわけでは

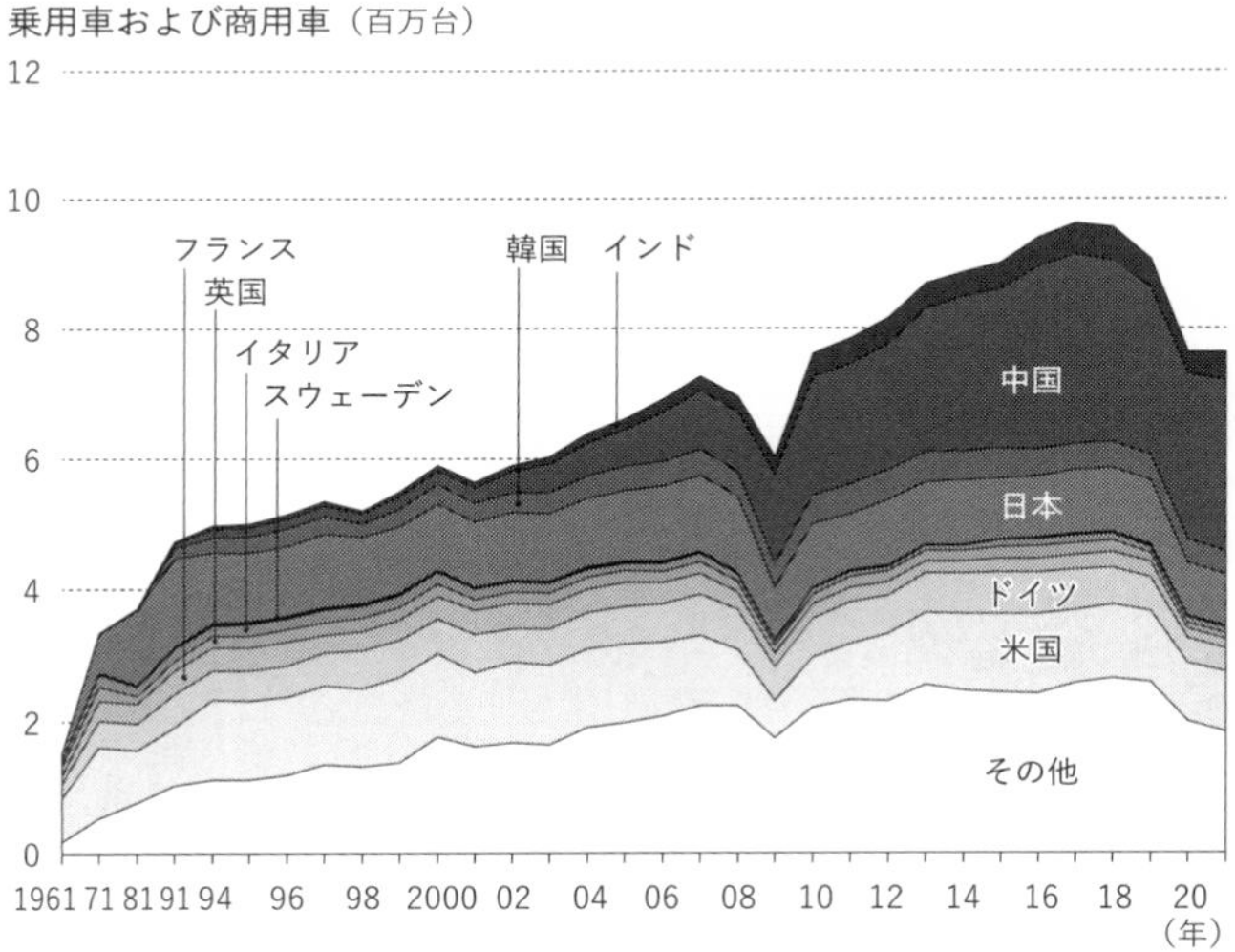

表１－１　世界主要国生産台数推移（1961－2021年）（1000台、乗用車および商用車）

◎米国運輸省運輸統計局のデータ〈https://www.bts.gov/content/world-motor-vehicle-production-selected-countries〉を基に筆者作成

ないが、ピアレビューと呼ばれる相互調査を行い、貿易やカネの流れ、サービスの自由化を軸に、各国に改革案を提案する。無視するのは自由だが、経済成長を損なうため、通常は提言内容を実行することとなる。

六四年にOECDに加盟したのち、日本は自動車関税を順次撤廃し、資本移動を自由化するなど、「先進国にふさわしい」自由化、IMF八条国への移行を進めることになった。マイカー元年と呼ぶべき六六年、日本は自動車生産でイギリスを抜いて世界三位になり、翌年には西ドイツを抜いて二位に躍り出た。六八年には産業別生産額が日本一となり、「自動車は国家なり」を体現した。

六九年には自動車輸出台数が国内出荷を上回り、文字通り「稼ぎ頭」になったが、やがてアメリカ・西欧諸国と利害が衝突するようになる。日本は六八年に西ドイツを抜いて世界二位の経済大国になっていた。それまでは貿易赤字と黒字の間を頻繁に行き来していたが、以降は貿易黒字が膨らみ続け、非難の対象となった。日本の対外経済関係は、自動車産業の盛衰と軌を一にしていることがわかる。

東京五輪と運転免許制度の改変

六〇年代は、公害問題が表面化した時代でもあった。日本をはじめ先進国は経済成長を優先した結果、工場排水・排気が垂れ流しだった。自動車も例外ではなかった。それどころか、自動車の普及こそが、環境汚染の元凶と見なされた。光化学スモッグが毎日のように都市の空を覆い、自動車やトラックの排ガスが問題になりはじめた。

六四年一〇月一〇日の東京オリンピック開会式、浜松を離陸した五機編隊のブルーインパルスが（旧）国立競技場上空に五輪を描いた。青空に恵まれ、五輪がきれいに見えたのは、前日に雨が降ったおかげだった。以降、自動車にも環境規制が導入されるようになった。

六〇年代、戦後のベビーブーム世代が高校を卒業し、自動車免許を取得すると、排ガスの増加もさることながら、自動車・オートバイの通行量が激増し交通事故が多発、「交通戦争」という言葉が生まれた。免許制度が改められ、「なんでもあり」免許から区分が細分化された現在の制度へ移行、オートバイの乗車時にもヘルメットの着用が義務付けられるようになった。一般に「暴走族」と呼ばれる珍走団が生まれたのも、この頃である。

戦後世代の台頭と首都高速道路の開通

ベビーブーム世代が高校を卒業して押し寄せ、先進国の大学もパンクした。大学運営の民主化を求める学生運動がフランス、ドイツ、イタリア、そしてアメリカ各地で起きた。そのうねりは日本にも及び、六九年の東大安田講堂立てこもり事件でピークを迎え、七二年二月のあさま山荘事件で幕を閉じた。

六八年以降、平和運動、環境保護、男女同権に代表される市民運動が先進国で活発になった。西ドイツでは環境政党である緑の党が生まれ、アムステルダムに本拠を置くグリーンピースも六八年運動のうねりから生まれたが、日本では環境政党も、グローバルなNGOも、すぐには生まれなかった。環境NGOは次第に発言力を増し、特に自動車の排ガス規制強化を強力に求めていくことになる。

一方、日本の社会にも異なる面で変化が起きはじめた。ビートルズが初来日した六六年六月、彼らは国賓なみの歓迎をうけた。羽田空港に着陸した後、四人はピンクのキャデラック・ドゥビルに乗り、首都高速道路で都心へ向かった。来日する海外の首脳以外で首都高に通行規制が敷かれたのはビートルズが初であり、ファンの殺到（と反対派との衝突）を恐れての措置だった。首都高は、建設省と運輸省（後に国土交通省）、東京都が、自動車の急増によって都内の交通がマヒすることを恐れて建設を決め、五九年、日本道路公団が西戸越・汐留間で着工した。なお、ビートルズの四人が乗ったドゥビルのタンクは一二〇リットルもあり、ファミリーカー級のハイブリッド車の三倍近い容量だったが、運転手の証言によれば、燃費はリッター当たり八〇〇メートルと最低水準だったらしい。

用地買収を最小限に抑えて早期開通を図るため、首都高は河川や幹線道路上に路線が計画された。京橋・芝浦区間が最初に開通したのが、六二年だった。東京五輪が開催された六四年に多くの路線が開通し、都心環状線は六七年に完成した。ここでも、世銀からの融資が整備を支えた。

◎コラム2　アメリカの公用車

アメリカ合衆国大統領が乗る公用車は、大統領専用機がエアフォース・ワンと呼ばれるように「キャデラック・ワン」、あるいはその圧倒的なスペックとフル武装から「ビースト」と呼ばれ、大統領を護衛するシークレットサービスが運用・保管している。一六年五月にバラク・オバマが現職大統領として初めて広島を訪れた際も、本土からエアフォース・ワンで運ばれてきた。歴代大統領が核兵器の発射ボタンを携行し、世界一の決定権限を持つ人物であるならば、世界で最も命を狙われる人物ともなる。歴代の公用車は、軍用車並みの装備を与えられてきた。

外観こそキャデラックCTS風だが、骨組みはGMのピックアップ・トラックのものを流用しており、同じく流用した八・一リッターのエンジンを積んでいる。それもそのはず、車重は七トンから九トンと推計され、ファミリーカー五、六台分の重さである。機密キャビンに一二センチ厚の防弾ガラスを装備し、車内には酸素マスクから自動小銃、暗視カメラ、大統領の血液型に合った輸血装置まで備わり、当然タイヤはパンク知らずのラン・フラット・タイヤである。二〇一八年に新車に代替わりし、トランプ大統領が愛用した後バイデン大統領に引き継がれ、二〇二三年広島サミットにも持ち込まれている。キャデラック・ワンは、自動車の輸出促進のようなトップセールス云々よりも、国防を最優先したお国柄がにじみ出ている。なお、二〇二三年二月、戦時下のウクライナ・キーウで、同国のゼレンスキー大統領の下に米バイデン大統領を運んだのは、キャデラック・

キャデラック・ワン（大統領公用車）

ワンではなくトヨタ・ランドクルーザーだった。

鉄のカーテンの向こう側

これまで見てきたように、アメリカと同盟関係を結んだ西側先進国においては、自動車産業が戦後復興に大きな役割を演じた。それでは共産圏、東側諸国はどうだったのか。

ソ連は資本主義経済を否定し、国家計画経済を選んだ。西ドイツや日本の戦後成長がはじまるまでは、ソ連支配下の東ドイツの方が国民の生活水準が回復している印象があった。しかし民間企業不在の自動車生産は軍事に偏重し、民間車の開発を軽視した。その結果、経済成長も技術革新も、西側諸国より鈍かった。これは冷戦終結まで続き、ソ連経済を疲弊させ、冷戦を終わらせる要因の一つにもなった。

六〇年代初盤のソ連は、絶好調だった。六一年四月には世界ではじめて有人宇宙飛行を成功させ、対抗するアメリカはアポロ計画で月面を目指した。後述するように、昨今脚光を浴びているEVやFCV（燃料電池自動車）の技術は、この頃にアメリカで研究がはじまった分野である。六二年一〇月、ソ連はアメリカと目と鼻の先のキューバに核ミサイルの配備を企図し、キューバ危機が勃発した。幸い、あわや米ソ核戦争、という事態は寸前に回避され、核不拡散条約が六八年に結ばれた。米ソの緊張緩和（デタント）である。

米ソを尻目に、西欧諸国は独自路線を選んだ。米ソは、冷戦を終わらせる意図がないまま、挑戦国の出現を阻止する「平和」共存を選んだ。これに対し、東西ドイツに象徴されるように、欧州諸国は分断され、苦悩が続いた。分断を克服し、長期的には冷戦を終わらせよう、という意図の下、東欧への経済的接近がはじまった。ヨーロッパ・デタントである。自動車産業も、その最前線に立った。

西ドイツのブラント首相は「接近による変化」を唱え、西ドイツの企業は東ドイツをはじめ、東欧諸国との貿易を小規模ながら開始した。東ドイツとの貿易は国際貿易ではなく、域内貿易（つまり国内交易）と位置付けられ、補助金を与えてまで輸入を奨励した。東西ドイツはお互いを「正統なドイツ国家」と正式に認めないまま、七二年一二月に国交を正常化し、翌年、そろって国連に加盟した。ただし自動車産業の東欧進出は、ドイツではなく、フランスとイタリアによって進められた。

仏伊の積極的な東側接近は、偶然ではなかった。西欧のなかで群を抜いて共産党が強い両国は、ソ連への支援と称し、積極的に進出した。イタリアのフィアットは、六六年にトリヤッチに工場を立ち上げ、ソ連初にして世界最大規模の大衆車生産工場となった。イタリアに詳しい方はすぐにピンとくるだろうが、同市の名前自体、イタリア共産党のゴッドファーザーことパルミーロ・トリアッティに由来している。

ヴォルガ自動車工場は後にロシア最大の自動車メーカー、ＡｖｔｏＶＡＺ《アフトワズ》となり、ラーダ車などを生産している。六六年に登場したフィアット１２４は、ラーダ１２００（現地名ＶＡＺ

２１０１）としてイタリアの本家以上に長く、八四年まで生産され、後継の改良版は二〇一二年まで生産された。

ルノーの東欧進出

くしくもフィアットと同じ六六年、ルーマニアでDacia《ダチア》の製造会社が誕生した。翌年、ダチア１１００としてルノー８のライセンス生産に入った。１１００は五年間で三万五〇〇〇台強生産され、購入希望者が殺到した。ルノー８はフィアット５００やＶＷビートルと同様に後ろにエンジンを積む「ＲＲ」であり、六〇年代後半に新車として登場するには少々古い構造の車だったが、カナダ、豪州、モロッコ、アルジェリアでも生産され、メキシコでは七六年まで生産が続いた。

ラーダ1200

六九年、ルノー12をベースにしたダチア１３００がラインアップに加わり、七八年にルノーとの提携を解消した。ルノー12は開発当初から、使い勝手のいい大衆車であることは当然として、途上国でもライセンス生産が容易なことを念頭に、簡素かつ堅固に設計された。ルノー12は8以上に広く普及し、豪州とトルコをはじめ、ブラジル、コロンビアでも生産され、アルゼンチンでは九四年まで生産された。ダチア１３００は派生車種を複数生み、高級版は共産党幹部用の公用車となった。八〇年代に入るとルノー20がダチア2000として、共産党幹部限定車として少量生産された。

映画『ピンク・パンサー2』（『ピンクの豹《ひょう》』の続編）には、イランを模したと思われる架空のルガシュ国の秘密警察要員がダチア1300、あるいはラーダ1200と思しき車で主人公のピンクパンサーを尾行している。なお、フランス人刑事クルーゾーを演じるピーター・セラーズは、劇中でフランス訛《なま》りの（酷い）英語を喋っているが、港町ポーツマス生まれのイギリス人であり、愛車の一つはミニだった。

ダチア1100

日本の「独自路線」

日本にも、伊仏のような事例がなかったわけではない。日産はハンガリー進出と、同国からの対西欧輸出を企図し、六八年に交渉を開始した。翌年一二月に同国で歓迎され、現地工場が実現するかに思われたが、「想定外にも」モスクワの介入で潰された。フランスとイタリアにあって日本になかったのは、政府の発言力の違いもあることながら、共産党コネクションの有無、それを有益に使いこなす手管あるいは戦略眼であろう。冷戦終結直後にハンガリーに進出したのは、日産ではなくスズキだった。

　代わりに日産は、七三年に拡大ECが発足すると、新規加盟を果たしたアイルランドにノックダウン（KD）輸出をはじめた。すなわち、サニーの部品を日本から輸出して現地で組み立てるのである。高関税に加えて輸入台数制限を課すフランスに日本から直接輸出できなくても、EC加盟国のアイルランドからは無関税で「迂回《うかい》輸出」できる可能性がある。これは「スクリュードライバー」操業と呼ばれ、現地での雇用も部品調達もあまり生まないため、自国メーカーを擁する米欧のT1諸国からは警戒され、非難された。逆に、自国メーカーがないT3国、あるいは次章で紹介するT1国陥落目前のイギリスでは、日産の現地工場開設は歓迎された。

　一方、西側同盟の盟主であるアメリカは、欧州諸国や日本による東側接近をこころよく思わなかった。アメリカは特に軍事および軍民両用技術の移転に厳しく、日本や西ドイツの航空機産業にはライセンス生産を認めるだけで、共同開発には極度に慎重だった。アメリカは東側諸国への技術流出をココム（COCOM：対共産圏輸出統制委員会）の枠組みで規制した。西ドイツ、イタリア、オーストリアがソ連から天然ガスのパイプラインを引いて輸入をはじめた際も、アメリカは横やりを入れ続け、やめさせようとした。

　日本も同様に、シベリアから日本への輸入を試みたが、五六年の日ソ国交正常化以来、主となったのはカニの輸入であった。日ソ国交正常化は、ソ連との輸出入よりも、日本の国連加盟への黙認を勝ち取ることに意義があった。彼の地に日本車の工場が開設されるのは、二一世紀に入ってからである。

東側の「優等生」トラビー

東側を代表して冷戦を象徴する車といえば、五七年に登場した東ドイツのTrabant《トラバント》（通称トラビー）である。

西ドイツに対抗する自動車産業と豊かな国民生活を演出するために開発されたトラビーは、外板に繊維（ときとしてダンボール箱の素材）を織り込んだプラスチックを使い、エンジンは二ストローク（！）で空冷六〇〇cc、部品節約のため燃料タンクはエンジン上方に設置されているなど、いまから見ると危険きわまりない構造だった。二ストローク・エンジンといえば、濛々《もうもう》と白煙を吹きながら甲高い音を立てる、芝刈り機のそれと同じ構造である。

　フロントライトをロービームからハイに切り替えるスイッチは、暗い夜道では必ず使うものであり、先進国の車ならばハンドル周りにあるが、トラビーの場合は一度車を降り、フロントライトの下についているつまみで切り替えなければならなかったといわれている。お世辞にもユーザーに優しくな

トラバント

いが、これでも納車一〇年待ちだった。そして大きなモデルチェンジもないまま、冷戦終結まで生産が続いた。

なお、ドイツでは排ガス規制が強化されているが、トラビーは例外とされており、観光資源として維持・所有できる。対照的に、日本ではエコを旗印に古い車ほど重税を課されてしまう。これは自動車文化の未成熟と無理解を象徴する問題だと筆者は考えている。イタリアも同様の税制だが、フィアット500の保有と維持を容易にするため、超党派で法改正が訴えられている。

東ドイツは農業改革も物資配給も滞り、市民が西側へ次々と逃亡した。このような移民流入は、自動車産業をはじめ経済成長で労働力が不足する西ドイツにとり、貴重な助けとなった。流出を阻止するため、東ドイツは六一年八月にベルリンの壁を建設した。東西の境界線は、高さ三メートル強のコンクリートの壁で物理的に隔てられ、冷戦と東西ドイツ分断を象徴する建造物となった。東ドイツの兵士は、越境を試みる同胞を容赦なく射殺した。

したたかな伏兵

東欧の自動車メーカーには必ずしも技術力がなかったというわけではなく、「異端児」がいた。チェコスロバキアのシュコダは、トラビー以上に近代的な車Octavia《オクタヴィア》を五九年に登場させた。創業はオーストリア・ハンガリー帝国下の一八九五年で、補助エンジン付き自転車を製造した、世界最古の自動車メーカーの一つである。一九三八年には水冷エンジン車を早くも登場させ、技術革新に貪欲だった。戦後の六四年に登場した１０００ＭＢは、初の鋳造アルミ製エンジンブロックを、共産圏で初めてリアに搭載した画期的なファミリーカーだった。

冷戦終結と共に生産停止、廃業に至ったトラビーとは対照的に、シュコダはＶＷの傘下に迎え入れられ、技術力に裏打ちされたグループ内の最廉価モデルを供給している。シュコダは現在もヨーロッパ市場で堅調であるが、フレームもエンジンもＶＷゆずりの現行オクタヴィアは、冷戦時代と同名なだけの別物である。

冷戦中は技術革新の先頭を走り、東側諸国で広く好評だったシュコダを擁するチェコスロバキアは、コメコン内限定とはいえ、Ｔ１国だったと言えよう。

日本に続く韓国

米ソが自陣営への囲い込みを狙って途上国に援助を与えようとし、対する途上国は双方から開発援助を引き出し、米ソを天秤《てんびん》にかけた。中東、アフリカ、中南米、そして東南アジア諸国などのＴ３、Ｔ４国である。

先進国による開発援助が、すぐに経済成長に結びつくわけではない。冷戦期、アメリカの援助は交通・港湾インフラ整備に向けられたが、これは冷戦の最前線となりうる国において、いつでも米軍が軍事展開できる基礎を固めるためでもあった。交通インフラの整備によるトリクルダウン（利益が下方へしたたり落ちること）が、当時まことしやかに説かれた。

非常におおまかにいえば、冷戦中、日本がアジア諸国を重視し、アメリカは中南米とアジア・太平洋諸国を、EC諸国はアフリカを重点的に支援した。

これら途上国のなかでその後、産業が大きく発達し国民が豊かになったのは、自動車をはじめ日系企業とつながりが深かった東アジア、東南アジア諸国であった。

アジア諸国の自動車メーカーを、台頭した順に見てみよう。戦前・戦中を起源とする韓国にはじまり、終戦後すぐに動きはじめたインド、五三年に毛沢東の指示で国営で始動した中国、そして後発のマレーシアが続く。

最初に、韓国である。いまでこそ、韓国車といえば現代《ヒョンデ》であるが、現代グループは後発である。はじまりは、米GM傘下の大宇《デウ》である。大宇は三七年に國産《グッサン》自動車の名前で創業。戦後五四年、後に大宇の親会社になる新進《シンジン》工業が創業し、米軍車両の修理を請け負った。戦中の四四年には部品サプライヤーとして起亜《キア》が創業し、六二年にマツダ・オート三輪のノックダウン生産を開始した。

六二年、國産自動車はセナラ自動車と改称し、六四年には買収され新進自動車と改名した。六五年、日韓国交正常化をうけ、日産ブルーバードと三菱コルトのノックダウン生産に着手した。六六年にはトヨタと提携するも、七二年にトヨタは撤退している。これをGMが引き継ぎ、大宇財閥に買収された翌八三年に大宇自動車となるが、二〇〇〇年に経営破綻し、〇二年、韓国GMとなった。起亜も日本勢と提携し、七四年からマツダ・ファミリアのノックダウン生産をはじめ、八六年にはフォード車にも着手した。通貨危機に見舞われた翌年の九九年、次に紹介する現代に吸収された。

現代は、最後発である。六七年に創業し、フォードから技術供与を受けてコーティナ（コルチナ）をノックダウン生産した。手広く外資と提携し、三菱からも技術供与を受け、イギリスのBL（オースチン・モーリス）からジョージ・ターンブルを社長に迎えた。これが実り、七五年には初の国産車ポニーを開発した。ポニーはイタリアを代表するデザイナーで、VW初代ゴルフ、ロータス・エスプリ、いすゞ117クーペなども手掛けたジョルジェット・ジウジアーロの設計だった。エンジンは三菱製だが、初代ランサーを模しつつ各部を独自開発品に切り替えていった。そして七六年、中南米へ輸出をはじめた。

現代ポニー

現代は三菱から自動車工作機械についても指導を受け、八二年に二代目ポニーがイギリスへ輸出され、翌八三年にカナダ、そして八六年、ついにアメリカ進出を果たした。T2国ながら、石油危機の後遺症が残る時期に自国開発の車を世に送り出し、軍事政権が倒れる直前に対米輸出を果たした成長の早さは注目に値する。

九七年のアジア通貨危機が襲うまで、韓国は上り一本調子だった。

インドという大国

韓国に次いで自動車産業に乗り出したのは、インドである。イギリスの植民地支配から独立したのは四七年八月だが、これに先立つ四五年にタタ・グループが自動車部門を立ち上げた。タタ財閥については第六章で詳しく見ていく。

創業こそ早かったが、その後タタが乗用車生産を本格的に開始するのは、九〇年代まで遅れた。タタは五四年以来、ダイムラー・ベンツとの協業による商用車の生産に専念した。すでに紹介したJEEPはインドでも重宝され、マヒンドラがライセンス生産した。独立早々にT2国の仲間入りを果たすも、同じ時期に自動車生産に踏み出した中国とは異なり、民間企業主体だったことは興味深い。

その後、インドにおける自動車生産に貢献したのは、スズキが八一年に立ち上げた合弁会社マルチ・ウドヨグである（第三章で詳述）。その間、インドで生産された「国民車」は、五八年当時のロンドン・タクシーをベースに二〇一四年まで生産された、ヒンドゥスタン・アンバサダーである。同車は九二年以降、いすゞのエンジンを積んでおり、現地のタクシーに乗った方も多いことだろう。

インドといえば、忘れてはならない大衆車がある。インドでは（人力車の語尾をとった）オート・リキシャー、タイではトゥクトゥクと呼ばれる三輪タクシーである。バジャージ社が五九年以来行っている、イタリアのスクーターメーカーであるピアジオが手掛けた三輪ベスパ・カーのライセンス生産だ。ベスパといえば、『ローマの休日』でグレゴリー・ペックとオードリー・ヘップバーンが二人乗りしていたスクーターであるが、当然のようにリキシャーのエンジンも白煙を濛々と吐き出す2ストである。近年は排ガス規制の観点から営業を禁止される傾向にあり、後ほど紹介するEVへの移行が進んでいる。

紅旗CA72

「眠れる獅子」中国の起動とマレーシアの登場

いま急成長を続ける中国の自動車産業は、民間ではなく、政府主導ではじまった。毛沢東は第一次五ヵ年計画の下、国営の自動車メーカー第一汽車を五三年に設立した。国営ゆえ、民間用の自動車よりも軍事、国家目的が優先された。五八年には毛が軍事パレードで閲兵するためのリムジン、紅旗CA72が完成した（コラム7参照）。中国の自動車産業が急成長するのは、民間向けの乗用車開発にシフトした九〇年代、そして複数のメーカーが競うようになる二一世紀まで待たなければならなかった。

最後に登場するのは、マレーシアである。産油国のマレーシアには、国営で石油・ガス大手のペトロナスがある。ショーン・コネリーとキャサリン・ゼタ・ジョーンズが怪盗を演じる『エントラップメント』の舞台となるペトロナスタワーや、F1のチーム（あるいはスポンサー）でも有名である。ペトロナスが株主となり、政府支援を受け、プロトンが設立されたのは八三年である。背景には、マハティール首相が八〇年代初頭に発表した国民車構想があった。

プロトンは三菱と資本・技術提携をした。八五年に発売された念願の国産車一号は、三菱ランサーをベースにしたプロトン・サガだった。韓国と同様、三菱がアジア市場で強い足跡を残したのを見ることができる。プロトンは大衆車を国内向けに開発・生産し、九〇年代にはイギリスのロータスを傘下に収めたが、二〇〇〇年代に入るとライバルのプロドゥアにシェアを奪われ苦戦するようになった。プロドゥアはダイハツと三井物産が出資して九三年に設立され、二〇〇五年以降は国産車の最大手になった。

第二章　貿易摩擦の時代
──省燃費化のスタートからスーパーカー・ブームまで

一九七〇年代から八〇年代は、日本がＴ１国となり、韓国もその足掛かりを築きはじめていたが、それ以外はおおむね動きの少ない、ティア構造の安定期だった。もちろん、あくまでも自動車産業の世界的な序列に限った話である。国際的には、危機が連続する激動の時代だった。一つ目はブレトンウッズ体制の崩壊、そして二つ目は石油危機である。

昇る日本とフロントランナー・アメリカの意地

一九六〇年代に高度成長を謳歌し、日本国内の最大産業となった自動車は、経済大国として台頭し、先進国の仲間入りを果たした日本を体現していた。貿易黒字が増え続け、海外からの風当たりが強くなったのが、七〇年代である。

日本は自由貿易原則の濫用、フリーライド（ただ乗り）と非難され、より大きな国際的な責

LRVルナ・ローバー

任を果たすよう要求された。その一環として貿易黒字の削減と日本市場開放、他の先進国での現地生産を求められるようになった。アメリカや西欧諸国のような既存のT1国が新入りの国をどのように受け入れるのか、グローバルな制度や規制、慣行が徐々に固まった時代だった。

なお、日本の「不公正な競争」を非難する〝劣勢の〟アメリカは、七一年、月面に初となる有人自動車LRV（電動四輪）を送り込んだ。宇宙空間の有人飛行でソ連に後れをとったアメリカは、その威信をかけ、六九年七月二〇日に月面着陸を果たした。アポロ一一号のアームストロング船長が発した「一人の人間にとっては小さな一歩だが、人類にとっては大きな飛躍」との第一声は、アポロ計画にゴーサインを出したケネディ大統領の「月面に行く」宣言とならび、世界史に残る名言となった。なお、遡ること六年前、六三年一一月二三日に日本で最初に流れた日米衛星通信放送のコンテンツは、ケネディ大統領暗殺を伝える緊急速報だった。

LRVルナ・ローバーは、クライスラーやグラマンを抑えて航空機大手のボーイングが受注し、車輪やモーターをGMが下請けで受注した。七一年七月、アポロ一五号より放たれたLR

Ｖは月面の物質収集を行い、当初の予想を上回る大活躍を演じた。そして月面上で、設計速度を上回る最高時速一八キロを記録して爆走した。アメリカはすぐに月面の領有権の放棄を宣言したが、ＬＲＶはいまも月面の着陸地点付近に「駐車」されたままである。

ブレトンウッズ体制の崩壊と変動相場制

先端分野での輝かしい成果の反面、アメリカの衰退は加速していた。七一年八月、ニクソン大統領は突如、固定相場の放棄（金・ドル兌換《だかん》停止）を一方的に宣言した。以降、現在のように交換レートが日々刻々と変化する変動相場制へ移行していった。国際的な通貨秩序、四七年以来のブレトンウッズ体制の崩壊である。戦後、アメリカは日本や西欧の通貨に対して固定相場制（一ドル三六〇円）のもと、日独は格安で車を北米に輸出することができた。

日独の自動車産業が潤った反面、アメリカの富は流出し続け、六〇年代中盤以降はベトナム戦争の支出が追い打ちをかけた。西側世界で単独の覇権を維持することができなくなってきた。国家財政も貿易収支も共に赤字であり、「双子の赤字」と呼ばれた。衰退とはいいながら、ビッグ３の頂点に陣取るＧＭの年間売り上げは当時八兆円に達し、当時の日本の国家予算と並ぶ金額だった。

輸出環境が激変するなか、ドイツ勢はすぐに手を打った。ＶＷは世界中の家族が必要とする最適なパッケージで勝負し、ビートルの息の長いブームに乗って世界的なブランドに成長した

VWゴルフ

が、基本設計が古く、さすがに飽きられてきた。次の中核車が必要だった。そこで生み出されたのが、初代ゴルフだった。

七四年に登場した初代ゴルフは、イタリアを代表するデザイナーであるジョルジェット・ジウジアーロが設計し、丸っこいビートルとは打って変わって直線基調のシンプルなデザインとなった。空冷エンジンを水冷に改め、これを車体の後ろから前へ移して搭載し、そのすぐ外にある前輪を駆動するＦＦ車となり、コンパクトで実用性の高い設計だった。

ゴルフは後発ながら今日に至るまで５ドア・ハッチバック（ひいてはファミリーカー）のお手本として君臨し続けている。二〇二一年現在、世界車種別生産台数でトヨタ・カローラに次ぐ二位である。ただし、伊仏に偏重するきらいのある欧州カー・オブ・ザ・イヤーにおいては、日産マーチが日本車として初受賞した前年、九二年にようやく初受賞した。

環境規制のはじまりと中国の登壇

ニクソン大統領がもたらした「ショック」は、通貨だけにとどまらなかった。ニクソンは七一年七月に訪中を電撃発表し、翌年二月に訪中した。事前に相談されなかった日本は慌てた。七二年九月、田中角栄総理が訪中して周恩来首相と会談し、九月二九日に両国が共同宣言に署名、日中国交正常化が米中正常化に先立って実現した。中国進出の先鋒は自動車産業ではなく、松下電器（パナソニック）だった。

一九七二年は、グローバルな環境規制が本格化した年といっていい。この「環境元年」にローマ・クラブが発表した『成長の限界』は、省エネ社会に向けた取り組みが本格化する号砲となった。地球資源が有限であり、石油が枯渇すると警鐘を鳴らした同書に、折しも公害問題が議論されるようになっていた世論は敏感に反応した。

同年六月には、国連人間環境会議がストックホルムで開催された。環境問題について世界で初めて開催された大規模な政府間会合に一一三カ国が参加した。この国連会合に先立ち、それまで「中国代表」として国連安全保障理事会に参加していた台湾が脱退することになり、中華人民共和国がはじめて中国代表として出席した。アメリカの衰退と軌を一にし、台湾に取って代わって中国が登壇したのである。日本も台湾と断交することとなった。

ストックホルム会議は「かけがえのない地球」を合言葉に、「人間環境宣言」と「環境国際行動計画」を採択した。自動車は戦後の豊かさを象徴する存在であり、国家の稼ぎ頭となっていたが、「生産を拡大するほど正義」「馬力で勝る車が正義」という、いかにも昭和的、冷戦的な価値観に初めて「待った」がかけられた。

BMW2002ターボ

こうした時代の変化を敏感に察知し、ドイツ勢のなかで環境への取り組みが早かったのが、BMWだった。BMWは大戦中に航空機エンジンを大量供給したため、戦後は生産停止命令と連合国による接収に直面し、イタリアの小型三輪イセッタのライセンス生産を行うなど、手探りが続いた。現在のBMWの礎を築いたのは、七三年に登場した2002ターボであり、BMWは同年に初の海外工場を南アフリカに開設している。

環境面での積極攻勢もこの頃にはじまった。七二年にはEVを開発し、同年開催のミュンヘン五輪のマラソン伴走車としてお披露目しており、七三年に業界初となる環境担当を社内に任命し、車両のリサイクルにも取り組みはじめた。ちなみに、二〇二一年に開催された東京二〇二〇オリンピックのマラソンに見慣れない白バイが投入されていたが、あれはBMWの中型電動スクーター、Cエボリューションの警視庁仕様である。

石油危機

一九七三年一〇月に発した石油危機は、自動車産業に大きな打撃を与えた。中東の産油国はイスラエルとの間で勃発した第四次中東戦争への対抗措置として、石油の値上げと減産を強行した。イスラエルを建国以来支持してきたアメリカをはじめ、アメリカと同盟関係にある西側先進国は危機に陥った。石油価格が四倍に高騰し、ガソリンスタンドには長蛇の列ができた。石油の供給が保障されない環境下では、自動車が売れなくなった。安価に安定供給される石油に依存した戦後高度成長の時代は、終わりを告げたかに思えた。

先進国も黙っていたわけではなかった。七五年一一月、フランス大統領ヴァレリー・ジスカール・デスタンの呼びかけに応じ、日米英独伊の首脳が非公式に会合し、G6先進国首脳会議がランブイエで開かれた。先進国の石油備蓄も話し合われ、すぐに実行に移された。翌七六年にはカナダが招待されてG7となり、毎年開催されている。

七五年のG6の主題は、通貨問題だった。金本位制への復帰を主張していたフランスが折れ、変動相場制への移行が合意された。アメリカ一国の覇権《ヘゲモニー》が崩れ、先進国間の新しい協調体制が生まれた瞬間だ。同時に自動車の輸出は、為替レートが常に変動する輸出環境に一変した。円ドル交換レートが一円変わると、トヨタの年間営業利益が四〇〇億円ほど変動するといわれている。

◎コラム3　フランスの公用車

フランスは仕事よりもプライベートを重視する大人が多く、平日の昼休みも食事と共にワインをたしなみ、「嫌なものは嫌」とはっきり言う。「同じ部屋に二人以上フランス人がいると、意見が相違する」とは、当のフランス人が語る国民性である。そんな国の大統領が選ぶ公用車は、紆余曲折《うよきょくせつ》を経て代々変遷してきた。

シトロエンDS（大統領公用車）

　四四年パリ解放の英雄、シャルル・ドゴール大統領は、在任中に何度も公用車を変えている。そのなかで最も頻繁に選ばれたのが、シトロエンDS（19と21）である。奇抜なデザインと画期的な機構を備えたDSは、後任のポンピドゥやジスカール・デスタンの寵愛も受けた。

　社会党出身のフランソワ・ミッテランも、恋多き人だった。当初はルノー25と30を採用し、後にシトロエンSM、XMに乗り換えた（なぜかプジョー車は敬遠したようだが）。相撲を愛し、親日家として日本でも有名になったジャック・シラク大統領は、パリ市長時代からシャンパン通として知られ、賓客のもてなしは十八番だった。一方、公用車としてはシトロエンSMを「手堅く」選んだ。ニコラ・サルコジもプジョー607などの大型セダンと共に任期を全うした。フランソワ・オランド（社会党）はミッテラン以来の「伝統」に回帰し、シトロエンDS5ハイブリッド4、DS5、ルノー・エスパスVを乗り継ぎ、エマニュエル・マクロンはDS7クロスバックとプジョー5008を使用している。

マスキー法と排ガス規制

石油危機以降、燃費のよさや排ガス浄化など、環境性能が市場から求められるようになった。排ガス削減は、六〇年代に提起された公害問題の流れを受け、政府・自治体が積極的に基準を作るようになった。日本車が最初の適合車となって有名になったアメリカのマスキー法は、もとは六三年に成立した大気浄化法であり、自動車の排ガス削減だけではなく、オゾン層保護、有害物質削減などを定めた包括的な内容だった。その歴史は、七〇年の末にニクソン政権が発足させたEPA（アメリカ環境保護庁）よりも古い。

通称マスキー法は、上院議員エドマンド・マスキー議員が提案して七〇年に成立した、大気浄化法の大幅な強化案である。政府が監視する排ガス削減目標を前倒しし、七五年（または翌年）以降に生産する車は、一酸化炭素や窒素酸化物を七〇年比で九割削減するよう義務付けた。

なお、トランプ前大統領のように「地球は温暖化していない」と主張する有権者が一定数いるアメリカにおいて、EPAは日本の環境省ほど信頼を得ておらず、アニメ『ザ・シンプソン

ホンダ・シビック

ズＭＯＶＩＥ』では陰謀組織のごとく描かれている。

世界ではじめてマスキー法をクリアしたのは、ＣＶＣＣエンジンを開発し、七三年にこれをシビックに搭載したホンダだった。米ビッグ３をはじめ、各社は達成不可能と猛反対しているなかでの達成だった。法の施行は延期に次ぐ延期となり、ＣＶＣＣ搭載車をすぐに大量に売る必要はなくなっていたが、初代シビックはアメリカにおけるホンダのイメージ、ひいては日本車のイメージを一新した。それまでは日産ダットサンがアメリカでは日本車輸入で首位だったが、ホンダが肉薄することとなった。

七二年に登場したシビックは、ホンダが二輪メーカーを脱して軽トラ、軽スポーツを世に送り出した後、世界のファミリーカー市場に足場を築いた起死回生の作だった。大きくて重いアメ車に比べ、小型で軽く、燃費もよかった。シビックは同社で最も長く続くモデルであり、現行は北米市場を意識した堂々たる３ナンバー車だが、登場した当初は、今でいうフィットくらいのサイズ感だった。

日本でも、環境問題を所掌とする政府省庁の新設が準備された。六〇年代終盤から七〇年代初頭まで、日本でも環境問題に対する意識が高まった。七〇年には「人類の進歩と調和」をテーマとして大阪万博が開催された。アメリカ館では、米アポロ12号が月面から持ち帰った石が展示され、一目見ようと長蛇の列ができた。ダイハツは地元開催の万博に、六人乗りのゴルフカートのようなタクシーなどEVを二七五台、納入している。鉛電池で時速八キロほどで走行し、会場内を巡回した。ピンク色の実車は万博記念公園に今も展示されている。大阪博には、いまとなっては生活必需品となった電動自転車も登場していた。

公害対策基本法が六七年に施行され、佐藤栄作政権の下で環境庁の設置が決まり、七一年七月に総理府の外局として開設された。公害対策に加え自然保護も管轄下に置き、通産省の公害対策を担当する部も吸収したが、経済に関わる決定は通産省の方針が優先された。日本は六〇年代後半に自動車保有台数が一〇〇〇万台を突破してクルマ社会へ突入し、七〇年には光化学スモッグ注意報第一号が発令された。このような状況でアメリカのマスキー法が成立したため、日本でも規制強化を求める声が強まった。メーカーの輸出競争力の低下を心配し、反対の声もあがった。

トヨタ、日産をはじめとする他の日系メーカーもすぐに省燃費、排ガス浄化に取り組んだ。日本独自の高効率なパッケージ、軽自動車が流行しはじめたのもこの頃である。現在の軽自動車の規格は一九九八年に改定されたもので、エンジンの排気量六六〇cc以下、車の全長三・四

m以下、幅一・四八m以下、高さ二・〇m以下の三輪および四輪自動車となっている。軽自動車の規格が初めて制定されたのは一九四九年であり、全長二・八m、幅一・〇m、高さ二・〇m、エンジンは四ストが一五〇cc、二ストが一〇〇ccと、現在の車体よりも一回り小ぶりで、エンジンは現在の原付二種なみに小さかった。

序章で紹介したように、ダイハツは量産車を手掛ける日系メーカーのなかでは最古参で、一九〇七年に初の国産エンジンを開発した会社である。一九五一年に社名をダイハツ工業に変更し、創立五〇周年を祝う五七年に三輪のミゼットを発売、戦後復興を支える庶民のアシを提供した。トヨタと日野の提携に続き、六七年一一月にトヨタと業務提携し、トヨタグループの一員となった。七七年に独自開発のシャレードを投入してカー・オブ・ザ・イヤーを受賞、八〇年にはミラが登場、宿敵であるスズキ・アルトとの競争は、現在も続いている。

GATT東京ラウンドと日本市場の開放

環境対応を求められる一方、T1国の仲間入りを果たした日本は保護主義的な措置を捨て、海外メーカーに市場を開放するよう求められた。同時に、米欧など他のT1国への輸出を急激に増やした日本は差別的に締め出されることもあり、こうした措置を撤廃に追い込むべく積極攻勢をかける必要もあった。

日本は田中角栄総理の提案でGATT東京ラウンドを七三年に開始し、(日本を含む)自動車など工業品の関税削減と非関税障壁の撤廃を求めた。一〇二カ国・地域と粘り強い交渉を重ね、ようやく七九年に交渉は妥結した。日本は議長国としての指導力を誇示するためもあり、七八年に輸入車関税を〇％にした。他方で米欧諸国は、日本車に対する輸入関税を近年まで長く堅持している。

東京ラウンドは、新しいT1国、日本への洗礼という側面があった。T2からT1への昇格をうかがう国は、日本以外に韓国だけであり、T2国以下の構成に大きな変化はなかった。関税撤廃後も、日本は新車の型式認証や車検基準などが非関税障壁だと批判を受け続けた。他の先進国で合格した新車を、日本でもう一度全面的に認証・検査しなおす手続きの煩雑さや、ブレーキランプの面積や形を事細かに定めた「合理的根拠が希薄な」安全基準などだ。『通商白書』の英語版の発行に加え、英語版と日本語版の内容をそろえるよう求められた。

日本市場を積極的に開拓した先駆者の一つが、スウェーデンのボルボである。ボルボは創業が一九二六年と歴史が古く、ベアリング製造の先駆であるSKFからのスピンオフで生まれた会社だ。北欧の土地柄、雪道の確実な走破性に加え、突然道路を横切る鹿との衝突を想定して車体が頑丈に設計され、創業以来、安全性が一貫して追求された。

五九年には、現在では当たり前になった3点式シートベルトの特許を取得し、世界中の自動車の安全のため、これを無償公開した。ボルボ120はこれを全車標準装備した世界の先駆けであり、「世界一安全なファミリーカー」との評判が徐々に浸透した。これがウケて、最大の輸出市場はアメリカとなった。ボルボは当時ニッチだった先端分野での勝負を挑んだ。六三年には主力輸出市場である北米をターゲットに、初の海外生産をカナダのハリファックスで開始し、六五年にはベルギー工場を開設、スウェーデンはT1国の仲間入りを果たした。

ボルボがシートベルトの特許を取得した翌六〇年、ヤナセによる日本への輸入がはじまり、七四年より帝人ボルボとなり、欧州メーカー初の日本進出となった。ボルボ240は車体前後のクラッシュゾーンを拡大して衝突安全性を向上させ、これが支持されて日本でも好評だった。しかし続く264は(あの巨大な四角い、かつライト専用のワイパーまで付いた)ヘッドライトが日本の車検を通らず、北米仕様の丸型ライト仕様が輸入された。

ボルボ264

八六年、帝人から営業権を譲渡されたボルボ・ジャパンが、本社一〇〇%資本で設立された。ちなみに、家具のグローバル大手に成長したスウェーデン発祥のIKEAが日本に初進出(七四年)して撤退したのも同年である。ミドル以上の世代にとって、ボルボのテレビCMといえばクラッシュテストの映像であろう。ボルボはその後、他のメーカーが衝突安全性能によって乗員保護を向上させると、丈夫なボディーから衝突吸収ボディーへの移行で先行した。他社がこれにも追随すると、車外に向けて展開する歩行者保護エアバッグの装備へと、さらに一歩先に先手を打った。その後、ボルボは一九九九年に北米フォード、二〇一〇年に中国の吉利（ジーリー）の傘下に組み入れられたが、車づくりの方向性はブレない。

外資の洗礼

環境性能や先駆的な安全性が自動車に求められ、日本市場が海外メーカーに開放される一方で、外資の軍門に下るメーカーも現れた。日本国内の再編劇は六〇年代中盤、通産省が二大系列への合併と再編の旗振りをして以来、くすぶっていた。

荒波に揉まれつつも、ラリーなどで四輪駆動車のブランドを磨いたのが三菱だった。通産省が二大メーカーへの集約を唱えた頃、三菱はスバルといすゞとの提携に動いた。成功すれば国内第三位のメーカーになるはずだったが、すぐに頓挫した。スバルが抜け、三菱といすゞの提携も模索したが、折しも米ビッグ3が三菱、マツダ、いすゞをはじめ、各社と接触してきた。そのなかから、クライスラーと三菱の提携が実現した。

七〇年二月、三菱とクライスラーは合弁事業契約を結び、三菱自動車工業となった。クライスラーが三菱車の北米での販売権を握り、三菱ブランドは伏せられ、三菱ギャランはダッジ・コルトとしてアメリカで発売された。

鬱憤を晴らすように、三菱は七三年にランサーを販売し、翌七四年にデビュー戦となったサファリ・ラリーで総合優勝した。サファリ・ラリーは五三年に英エリザベス二世の戴冠を記念して開催されて以来、ケニア、タンザニア、ウガンダを舞台とする過酷な長距離スプリント・レースで、初代優勝はVWビートルだった。その後、フォード、ベンツ、プジョー、ボルボがしのぎを削った。七四年にランサーが下したのは、独ポルシェ911、仏プジョー504、伊アバルト124などの強豪だった。七〇年代は、日産と三菱を併せて六度の総合優勝を勝ち取っている。

七四年にランサーを駆って勝利に導いたのは、インド系移民のケニア人、ジョジンダー・シンで、彼の横でナビゲーションをするコ・ドライバーは地元ケニア出身のデビッド・ドイグだった。三菱の足場はアジアであり、チーム編成もアジア代表の趣だった。ジャッキー・チェンの主演映画『デッドヒート』でも、ジャッキー演じる整備士がレースで走らせるのは三菱のランエボⅢとGTOであり、その提供者を加山雄三が演じた。なお、宮崎駿監督『風立ちぬ』は三菱の航空機エンジニア、堀越二郎をモデルに描かれている。

ロータリー・エンジンの試練

七〇年代、日本勢のなかで明暗が分かれたのは、ロータリー・エンジンを主力商品に据えたマツダも同様だった。ロータリー・エンジンは通常のエンジンよりも窒素化合物の排出が少なく、アメリカのマスキー法もホンダ・シビックに続いてクリアしていた。GMはおろか、トヨタや日産までもがロータリーの開発に動こうか、というタイミングで起きたのが、石油危機だった。クリーンな排ガスが売りだったが、アメリカ政府、EPAがロータリーを「燃費が悪い」と名指しで酷評したため、せっかく達成した排ガス浄化云々はなぜかすっかり忘れられてしまった。

マツダは一九二〇年に広島で創業し、八四年にブランド名に合わせてマツダと改称するまで、社名は東洋工業だった。世界恐慌後の三〇年に三輪トラックを開発し、売り上げを伸ばした。戦時下の四〇年には乗用車の開発にも成功したが、四輪はおろか三輪の生産も戦時経済下で中断させられ、小銃の生産に専念した。八月六日の原爆投下により、工場設備は大きな被害を免れたが、多くの社員が犠牲になった。

財閥解体を免れたマツダは終戦後まもなく三輪トラックの生産を再開し、輸送手段がなくなった全土で重宝された。通産省の国民車構想を受け、マツダは大衆車のエントリーモデルに焦点を絞って開発を進め、六〇年に軽のR360クーペ、六二年にキャロルを発売した。そして売り上げが三輪トラックと軽に偏ったマツダが頼った切り札が、独NSUが開発したロータリー・エンジンだった。吉田元総理とアデナウアー首相の間の外交的なつながりを活かし、NSUに殺到する他社を押しのけ、マツダがNSUとの技術提携を勝ち取ったのが、六〇年七月だった。

マツダ・サバンナRX-7

その後、四〇億円以上を投資し、六七年五月、ついにロータリーを積んだコスモスポーツが登場した。軽自動車メーカーと目されたマツダが、自動車史に残る一番乗りを果たした瞬間だ。マツダはすぐにファミリーカーであるファミリア、上級のルーチェにもロータリーを搭載し、七〇年に北米輸出に乗り出した。その矢先に襲ったのが、ニクソン・ショックと石油危機だった。

経営が悪化したマツダを、太平洋諸国への進出で遅れていた米フォードが見逃さなかった。七九年一一月、フォードがマツダに二五％出資する資本提携が成立した。前年にはロータリーを積んだ後継のスポーツカー、サバンナＲＸ-７を発売し、復活の狼煙《のろし》を上げた。

撤退する御三家の一角

最後に紹介する日系メーカーは、いすゞである。いすゞはトヨタ、日産と共に、日本企業による自動車の本格的な量産が始まった一九三〇年代以前から車を生産しており、かつては「御三家」と呼ばれた。創業は一八九三年で、石川島播磨（現：ＩＨＩ）の源流にあたる。一九一六年、東京石川島造船所は自動車の試作を開始し、一八年に英ウーズレーとライセンス提携を結び、自動車製造に進出した。二七年には提携を解消、純国産車の製造を開始し、二九年に自動車部門が石川島自動車製作所として独立した。三四年、商工省標準形式自動車を「いすゞ」と命名し、現在の社名の由来となった。

いすゞは戦中にトラックの生産で寄与し、四二年五月には日野製造所が分離し、日野重工業(現：日野自動車)となった。終戦後の四五年一〇月には疎開先の長野工場でトラックの生産を再開し、戦後復興を支えた。四九年にいすゞ自動車と改称し、すぐに香港、タイ、台湾へ輸出を開始した。他方、乗用車の開発では遅れをとり、六〇年代に訪れたマイカー元年の波に乗れなかった。スバル、三菱、日産との提携は実らず、瀬島龍三率いる伊藤忠商事の交渉チームの仲介で、七一年にGMとの資本提携に至った。

国内の乗用車市場では振るわなかったが、いすゞの強みはトラックだった。八五年には日系メーカーでは初となる中国生産に乗り出した。日本では宅急便やコンビニの集配でおなじみの2トン・ショートの小型トラック、エルフを慶鈴汽車との合弁で重慶工場で生産を開始した。エルフは五九年の登場以来、世界各地でトラック、バス、作業車、消防車などに広く使われている。海外旅行中に、思いがけず「ISUZU」のロゴに出くわした人も多いことだろう。

いすゞはその後、九三年にはSUV以外の乗用車の自社開発と生産をやめ、二〇〇二年には完全撤退した。ジェミニのテレビCMは、ヨーロッパの街並みのなかで美しいカースタントを見せ、二台のジェミニがバレーのごとくそろって「舞う」もので、年々、舞いがエスカレートしていった。そんないすゞの撤退を惜しむ声もあった。

選択と集中の結果、国内の小型トラック販売台数は二〇〇一年から二〇年近くいすゞが首位だった。公道上でもお目にかかる陸上自衛隊の輸送トラック、SKWもいすゞ車である。一五メートルからの落下試験に耐える屈強な車体は、ヘリコプターでつり上げて空輸することを想定した設計だ。

いすゞ・ジェミニ

T1国陥落の序曲――イギリスと対英輸出自主規制

明暗が分かれたのは、日本勢だけではなかった。かつての大英帝国も「衰退期」に入ったと盛んに議論された。黄金の五〇年代を謳歌したのち、六〇年代にはジャガー・Eタイプなどがヒットし、アメリカ市場で輸入車最大シェアを誇ったが、ドイツ、スウェーデン勢、これに仏伊も加わり、徐々にシェアを落とした。

イギリスは対岸の欧州大陸、EEC（西独・仏・伊・ベネルクス三国が五八年に創設した欧州経済共同体）の高い関税障壁に阻まれ、地元欧州での成長の機会を奪われた。そのため旧植民地国が構成する英連邦諸国（オーストラリア、ニュージーランドなど）や、スイス、北欧諸国などが加盟するEFTA（欧州自由貿易連合）への輸出でしのいだが、ここにもドイツ車・日本車が押し寄せた。

イギリス勢のなかでひとり気を吐いたのは、ランドローバーだった。第二次大戦で活躍したＪＥＥＰの影響を受け、戦後大量に発生した余剰のアルミ材を有効活用するため、ローバーは外板にアルミを使い、ＪＥＥＰよりも大きな車体の四駆を四八年に開発し、大成功した。先進国の農場から軍用、途上国の未舗装路まで、錆《さび》に強く走破性の高い実用車として重宝された。その市場にも、トヨタ・ランドクルーザーが迫ってきた。

ランドローバー

六〇年代に入ると、先進国のなかで最も経済成長率が低いイギリスの姿をそのまま反映するように、イギリス車のシェアの低下に歯止めがかからなかった。人気車種のミニもランドローバーも、一般的なファミリーカーではなくニッチだった。国内販売も振るわず、労働党政権の下、政府主導で六八年、ほぼ全てのメーカーがブリティッシュ・レイランド（ＢＬ）の下に吸収合併され、国有化された。しかし生産力の余剰が積み重なり、大当たりな大衆車に恵まれなかった。

名門ロールス・ロイスは例外で、ＢＬ入りを免れ、高級車部門は堅調だった。ロールス・ロイスは航空機・船舶エンジン部門が国防を担う重要部門であり、イギリスを代表する企業だった。しかしロッキード最後の旅客機となったトライスター向けのエンジン開発につまずき、経営破綻した。

トライスターをめぐるロッキード疑獄といえば、日本を含む数カ国が巻き込まれた事件であり、以降ロッキードは民間旅客機から撤退している。ロールス・ロイスは七一年に国有化され、石油危機が起きた七三年に高級車部門は航空・船舶部門と分社され、八〇年に兵器産業で名高いビッカースに買収された。イギリスもアメリカ同様、自動車よりも航空機、ひいては兵器産業の生き残りを優先したのである。英フォード車を除くと、欧州カー・オブ・ザ・イヤーを最後に受賞した「純」イギリス車は、七七年のローバー3500だった。

衰退するイギリスは、真っ先に日本車の抑制に乗り出した。七三年一月のEC（欧州共同体）加盟後、独仏伊からの輸入車が急増し、これに日本車が追い打ちをかけ、登録車の過半数を外国車が占めた。労働運動が生産現場を止める件数が先進国のなかでずば抜けて多く、「イギリス病」が最も深刻だったのが、自動車産業だった。ECは設立条約の規定が厳しく、イギリスが域内で他の加盟国に対して保護主義的な措置をとることは難しい。

イギリスがアメリカやヨーロッパのメーカーに強く出ることができない背景が、もう一つあった。米フォードはT型をノックダウン生産するため、一九一一年にイギリス工場を開設していた。ボクソールは当時米GM系だった。タルボット（タルボ）は一九〇三年創業の老舗で、ロンドンとパリの郊外で自動車を生産していたが、その後、シムカ、クライスラー欧州を経て、七八年に仏プジョーの傘下に入っていた。

これらイギリス工場を開設した外資の本国に対して保護主義を振りかざせない。だが具体的なしがらみが少ない日本は格好のターゲットであり、スケープゴートにされた。この構図は、日系メーカーが現地工場を開設するまで、米欧で繰り返された。

一九七五年九月、日本の自工会とイギリス自工会（SMMT）の間で、日本車の輸入をイギリス市場の一一％（七五年の数値）に日本側が自主的に制限することで合意した。通産省の指導の下、自工会が前年度実績に基づいて各メーカーの船積み台数を決定した。

◎コラム4　イギリスの公用車

イギリスは大日本帝国に軍艦を売り、建艦技術を伝授した国である。同時にイギリスはアメリカと同じくらい、日本の自動車産業を導いた恩師でもある。そんなイギリスの首相公用車は、予想に反して地味であり、最高級車ロールス・ロイスやベントレーは採用されない。これらはイギリス王室が使う車である。

とはいえ、政府内で最高位の人物が乗る車ゆえ、質実剛健に作られ、威厳のある車が歴代選ばれてきた。第二次大戦を戦い抜いたチャーチル首相は、戦時内閣が調達したオースチン20（二〇馬力）を「馬力不足」と酷評し、戦中に防弾仕様のハンバー・プルマンに乗

ジャガーXJ（首相公用車）

り換えた。以降、歴代首相はローバーP5を代々乗り継いだ。

この伝統を壊したのが、マーガレット・サッチャーだった。七九年にイギリス初の女性首相に就任すると、彼女はジャガーXJを指名し、以降、ジャガーが（後に買収されフォード傘下に入ろうと、さらにインドのタタに売却されようと）歴代公用車となった。なお、デビッド・キャメロンに同行していた広報責任者オリバー・クレイグは、XJの車内後席が窮屈だった、と回顧している。アメリカ同様、気密キャビン、分厚い防弾ガラスにランフラットタイヤを装備し、床下には一三ミリの防弾板、さらに室内からSPが小火器を車外へ発砲できるポッドまで備わっている。

初のインド系出身の首相として二〇二二年に就任したスナク首相は、インド資本の傘下で生産されるレンジローバーを公用車としているが、イギリスのEU（欧州連合）離脱とコロナ禍に伴う部品供給の見通し悪化に伴い、初めて「イギリス車」が公用車から外され、近くアウディA8にバトンタッチすると発表されている。

イギリスに続き、アメリカも日本車自主規制

日本に輸出を自主的に抑制させるのは、狡猾な選択だった。輸出前にあらかじめ各メーカーの仕向け地ごとの輸出台数を割り振るのは、輸出カルテルであり、ＧＡＴＴの規定に違反している可能性がある。しかし台数抑制を求めたイギリスではなく、カルテル行為を実施した日本が罪を問われる可能性がある。

すぐにアメリカが追随し、八一年に日本車の輸入を年間一六八万台に制限した。その後、八四年に年間一八五万台に微増するなど改変を続け、九四年三月に通産省が撤廃を宣言するまで日本側の自主規制は続いた。アメリカは、特に労組ＵＡＷがアメリカ政府や在京大使館まで巻き込み、アメリカに現地工場を立ち上げ、アメリカ人労働者を雇うよう圧力をかけてきた。

日本勢のなかでこれにいち早く応じたのがホンダだった。七九年に二輪車工場をオハイオ州メアリーズビルに設立し、八二年からは工場を拡張してアコードを生産するようになった。アメリカで初めて生産された日本車である。ホンダが英ＢＬ（ローバー）とのコラボに踏み切った時期だったため、アコードの弟分にあたるバラードがトライアンフ・アクレイムと名前を変え、欧州で生産された最初の日本車となった。

トヨタ式生産方式、アメリカへ

ホンダがいち早く現地工場を立ち上げたことが、米側の圧力を勢いづかせた。日産が八三年にテネシー州のスマーナ工場を、トヨタはＧＭとの合弁（ＮＵＭＭＩ《ヌーミ》）で八四年にカリフォルニア州フリーモント工場を立ち上げた。労組が暗躍するGMフリーモント工場は「世界最悪の自動車工場」と陰口を叩かれ、八二年に閉鎖されていた。日産はピックアップ・トラック（八五年からサニー／セントラ）をスマーナ工場で、トヨタは八六年からカローラをNUMMIで生産した。NUMMIで得た経験を基に、トヨタは八六年にケンタッキー州、八八年にカナダのオンタリオ州に工場を単独で開設した。

NUMMIをとおし、トヨタ式生産方式であるジャスト・イン・タイム、リーン生産方式、カンバン、カイゼンは世界的に知られるようになり、各国が採り入れた。「必要なものを、必要なときに、必要なだけ」供給するという効率のよい生産方式であり、ムダ、ムラ、ムリを防ぐ管理方式だ。工場に積み上げる部品の在庫を最小限に抑え、必要なものだけをつくり、その管理や改善を工員が自主的に行うものである。

工員が上から言われたとおりに働くそれまでの米欧の工場にとって、トヨタ式は画期的だった。日本的であり、トヨタの現場力に根差した「発明」であると同時に、広く拡散・共有される普遍性を備えていた。フォードが先鞭をつけた大量生産方式を刷新し、広く消費生活の変化に対応しうる方法として、ポスト・フォーディズムと呼ばれるようになった。

欧州現地生産

日産はEC市場での売り上げを伸ばし、アルファ・ロメオやVWとも協業し、座間工場でV

Wサンタナを生産した。一時はルノーの買収も検討したが、日産はイギリス政府が要望する英メーカーとの提携を断り、八六年に単独でイギリス工場を開設した。生産されたのは、ブルーバードだった。

日産イギリス工場は現在も同国の最大工場（年産五〇万台）であり、最多輸出メーカーである。八六年九月の開所式には、サッチャー首相が自ら参加した。先立つ五月にはチャールズ皇太子（当時）と故ダイアナ妃が訪日し、ダイアナ旋風を巻き起こした。トヨタとホンダ（二一年七月に閉鎖）も日産に続き、九二年にEUへの輸出拠点としてイギリス工場を開設した。日産がルノーの軍門に下る九九年まで、サンダーランド工場は部品の八割以上を現地イギリスで調達し、地元で歓迎された。

イギリスに続き、他の西欧諸国も相次いで日本車の輸入を制限した。ドイツは日本車を自国市場の一〇%に制限し、フランスはセーフガード（緊急輸入停止措置）を伴う二国間規制で市場の三%に制限、イタリアは年間一〇〇〇台という具合だった。フランスは日本に農産物市場（ワイン、チーズなど）の開放を求め、イタリアもスキー靴やオートバイなど得意分野で圧力を強めるなど、日本に対するプレッシャーが高まった。

国家が激突する最高峰の闘い「F1」

T1国は、技術力が本物であることを証明することも求められる。自動車レースは、国際関係そのものである。販売促進イベント、あるいはブランド認知の向上に資すると同時に、各メーカーの威信がかかった国際競争である。毎年見直されるレギュレーション（競技規則）は、次年度以降の自国メーカーの優位を決定づけるため、その策定プロセスは国際政治そのものだ。次年度のルール策定から、早くも翌年のレースがはじまっているのである。

日本国内の本格的なレースは六三年の鈴鹿（前年にホンダが開設）がはじまりとされているが、世界最高峰のF1は一九五〇年、イギリスのシルバーストンにはじまり、西欧諸国を中心に南北アメリカでも開催され、近年は産油国を擁する中東をはじめ、マレーシアや中国など自動車を生産するアジア諸国でも開催されている。日本人で初めてF1の表彰台にあがったのは鈴木亜久里《あぐり》（九〇年日本GP三位）だが、日本人ドライバーのGP優勝も年間タイトル獲得も、未だ実現していない。

F1が開幕した一九五〇年の年間タイトルを勝ち取ったのはアルファ・ロメオ158だったが、五二年にフェラーリ500がタイトルを制した後、フェラーリの独壇場になった。六〇年代にかけて英ロータスが奮戦し、稀《まれ》にベンツやポルシェが勝つ展開だった。六五年にホンダがメキシコGPを制したことはすでに紹介したが、七〇年代に入ってもイギリス勢とイタリア勢の優位は揺るがず、新しくイギリスのマクラーレンが台頭した。七〇年代後半に入ると仏ルノーが積極参戦し、八八年からホンダがマクラーレンとのタッグで活躍した。

F1黎明期の激闘は、一九六三年を舞台とする映画『フォードvsフェラーリ』に見ることができる。ブランド・イメージを向上したいフォードがイタリアの名門フェラーリを買収しようとする場面からはじまる。地元イタリアのフィアットとアメリカビッグ3の一角フォードを天秤にかける創業者エンツォ・フェラーリから屈辱的なお断りを受けたフォードは、仏ル・マン二四時間耐久レースを制してフェラーリを見返すため、総力を結集してフォードGT40を開発した。

フォードGT40は、出走資格を得るため、三〇台ほど生産・市販された。すでに市販されている車を改造してレースに出走する、という当時の常識の逆の発想で、レース用の車両を開発して、公道向けに限定販売する手法が採られた。それまで連覇を果たしていたフェラーリは、330で迎え撃った。GT40を駆ったレーサーの一人は、ニュージーランド出身の若きブルース・マクラーレン。後にF1でホンダとタッグを組むイギリスの名門チームの創設者である。

六〇年代、日本のメーカーが国際レースに参戦するだけでニュースになったが、七〇年代に入ると、日本も主催者側に立つようになる。七六年、念願かなってF1日本GPが富士スピードウェイ（六六年開設）で開催され、世界最高峰のレースが日本でも開催されるまでになった。ただし、翌年に死者が出たため、以降一〇年間、日本では開催されなかった。

スーパーカー時代の幕開け

七〇年代は環境問題が大々的に取り上げられ、自動車の市場環境を変えた。同時に、車に省燃費を求める世論に抗うごとく、スポーツカーの高性能化も劇的に進み、スーパーカーというカテゴリーが誕生した。七三年の石油危機に前後し、自動車史に残る名車が数多く登場した。

スーパーカーとは何か、明確な定義があるわけではない。少々漠然としているが、エンジンの高出力化と車の旋回・制動性能がコストを度外視して最優先に設計され、エンジンから内装に至るまで熟練の職人による手作りの工程が多く、飛びぬけて高価なスポーツカー、としておきたい。定義が曖昧ゆえ、どの車が第一号か議論があるが、一般に一九六六年に登場したランボルギーニ・ミウラと言われている。

イギリス初のスーパーカーとされているのが、七二年に登場したアストン・マーチンV8ヴァンテージだ。同車はイギリスのスパイ、ジョニー・イングリッシュに扮するローワン・アトキンソンが『アナログの逆襲』のなかで、自分の愛車を撮影に持ち込んで登場している。「アストンは燃費がいいんだぞ」とうそぶいた直後にガス欠を起こす描写が、いまどきの映画である。対して、007『リビング・デイライツ』では、東西冷戦の最前線にヴァンテージが登場している。チェコスロバキアからオーストリアに脱出する際、英MI6の諜報員ジェームズ・ボンドが駆る同車は、追いすがる警察車両を車載のレーザー銃で切断し、ロケット・エンジンで国境検問所を飛び越えて脱出する。

007『私を愛したスパイ』に登場するロータス・エスプリは、七六年に登場した。ロータスは後年、エランにいすゞのエンジン、エリーゼやエキシージにトヨタのエンジンを積むようになるが、当時はフォードのエンジンを全面的に手直しして積んでいた。エスプリは劇中、公道から海に飛び込んで潜水艇に変身・潜航し、頭上のヘリをミサイルで撃ち落とすという、離れ業を披露している。映画のなかの話ではあるが、潜水艇としても成立してしまうジウジアーロの空力デザインは秀逸である。

ロータス・エスプリ

日本にもスーパーカー・ブーム到来

石油危機が起きた七三年は、スーパーカー市場の当たり年だった。ここでは、日本にも到来したスーパーカー・ブームの立役者となった三台を紹介する。東京モーターショーは石油危機のあおりで七四年度は中止され、七五年以降は隔年開催となって現在に至るが、劇画『サーキットの狼』にインスパイヤされた昭和の子供たちは、盛り上がる一方だった。

ポルシェ９１１はＶＷビートル同様にエンジンを後ろに積んだＲＲであり、七三年にアメリカ向けに大型の（通称）５マイル・バンパーを装備し、特徴的なダックテールを後部に装備した高出力版の９１１カレラＲＳが発売された。９１１は現在も後継モデルが生産・販売されているが、速度無制限のアウトバ

ポルシェ911

ーン（高速道）を苦もなく全開で走れ、同時に必要とされる圧倒的な制動力を誇る。

対してランチア・ストラトスの出自は、９１１とは大きく異なる。各地のラリーに積極参戦してきたランチアは、競技規則が定める出走のための「最少生産台数」規定に目を付け、わずか四九〇台ほどしか生産しない、ＷＲＣで勝つための専用マシンを開発し、限定販売したのである。マルチェロ・ガンディーニがデザインし、フェラーリ・ディーノのエンジンを積んだストラトスは、石油危機後の七四年から七六年までＷＲＣを連覇して常勝マシンとなった。ホイールベース（前輪と後輪の間の軸間）が軽自動車よりも短い、非常にコンパクトな車体に、軽の四倍以上強力なエンジンを積んだため、直線で加速するのも困難な非常に神経質なマシンだった。そして宿敵の仏ルノー・アルピーヌＡ１１０を、チャンピオンの座から引きずり下ろした。

限定生産だったストラトスとは対照的に、七四年に登場し、九〇年まで生産されたのがランボルギーニ・カウンタックだった。ガンディーニがデザインした同車は、モーターショーの展示ブースからそのまま公道に迷い出てきたような出で立ちである。七三年製の９１１の最高速度が実測で二五〇キロほど、カウンタックは二七〇キロを超え、市販のスポーツカーが全く別次元の世界に突入した。

スポーツ四駆とジェンダーの最前線「WRC」

高嶺の花のスーパーカーだけではなく、実用的なマイカーとして買える車の性能も劇的に進化した。WRC（世界ラリー選手権）は七三年以来、ヨーロッパを中心に中南米、豪州などで開催されてきた、市販車の速さを（閉鎖した）公道上で競うレースである。四輪駆動車を、悪路の走破のみならず、舗装路を速く走らせるために応用してWRCを席巻したのは、アウディ・クワトロ（八〇年）であった。デビュー戦のラリー・モンテカルロから圧倒的な速さを見せつけた。以降、「ラリー常勝は四駆」という方程式が成立し、現在まで続いている。クワトロのテレビCMは、スキーのジャンプ台をクワトロがゆっくりと頂上まで登るという、四駆の威力を印象付けるものだった。

アウディ・クワトロ

翌八一年、ラリー・サンレモでのクワトロの勝利は、WRC初となる女性ドライバー、ミシェル・ムートンによる優勝でも

スバル・レオーネ

あり、ナビゲートするコ・ドライバーもイタリア人女性のファブリツィア・ポンスという、新しい時代の幕開けを予感させるレースだった。ムートンは七五年のル・マン二四時間耐久レースに女性ドライバー三名のチームで参戦し、クラス優勝を果たしたフランスの女傑である。同年のラリーでは、ルノー・アルピーヌA110を駆っていた。そんな彼女もスポーツ界での出世は遅く、FIA（国際自動車連盟）女性初の役員に就任したのは、ようやく二〇一〇年になってからである。日本勢で井原慶子など女性レーサーの活躍が取り沙汰されるのは、さらに後の時代である。

WRCに革命をもたらしたアウディ・クワトロの先駆は、スバル・レオーネだった。またスズキは一九七〇年にJEEPを小さく模したジムニーを発売し、小さい四駆という新しい独自ジャンルを切り拓き、現在も世界各地で人気を博している。いまでは四駆の定番の一つとして定着したベンツGクラスよりも、九年早い登場だった。日本車は四駆の世界で最先端を切り拓いてきたのである。

スバルの功績

ここで富士重工業（二〇一七年、社名をスバルに変更）の歩みを紹介しておきたい。スバルの前身は、戦前に東洋一の航空機メーカーだった中島飛行機であり、一九一七年に海軍大尉を辞して起業したエンジニア、中島知《ち》久《く》平《へい》に遡る。中島は出生地である群馬県太田市に創業した際、国産機開発は官営ではなく、民営のメーカーであることが必須と見抜いていた。四五年の敗戦まで三万機近い航空機を量産したが、財閥解体に遭い、占領軍により一二社に解体された。こうして戦後、航空機エンジニアを自動車産業に送り込み、後に航空機産業にも復帰したのが、現在のスバルである。なお、後にプリンス自動車（現：日産）となったのは、中島飛行機解体後の富士精密工業と後に合併する、四七年に創業した東京電気自動車であり、先見の明に驚かされる。

先述したスバル・レオーネの登場は七一年であり、当初は前輪駆動車だった。発売同年に東北電力の要請で注文生産されたのが、レオーネのエステートバンに四輪駆動を装備した、四駆版レオーネである。この経験をもとに翌七二年、同車は世界初のセダンタイプの四駆乗用車として登場した。以降、すぐに他社が追随した。

レオーネは七五年には排気ガス浄化対策を施して昭和五一年排出ガス規制をクリアし、七七年に同五三年度排出ガス規制適合を達成することで、スバルの環境イメージにも一役買った。アウディ・クワトロとは違って当初はターボを装備していなかったレオーネだが、その後、八二年に念願のターボを装備し、後に（速い）ツーリングワゴンの流行を牽引するスバル・レガシィへと引き継がれた。

第二次石油危機から八〇年代へ

一九七三年に起きた石油危機に続き、七九年には二回目の石油危機が起きた。七八年、イラン革命によって王室が海外に逃れ、イスラム教指導者が実権を握った。パフラビー朝はそれまで親米路線をとり、国内では世俗化（脱宗教）を進めていたが、国有の石油会社が西側の先進国に安く石油を売ることに対し、王朝をアメリカの傀儡《かいらい》と見る反発が強まっていた。革命によって石油供給への不安が起き、石油価格が高騰した。一九八〇年、イラン革命の影響が自国に及ぶことを恐れたイラクがイランに侵攻し、イラン・イラク戦争が起き、石油価格は高止まりした。

だが第二次石油危機は、七三年の危機よりも自動車産業に与えた影響が小さかった。先進国は石油備蓄などの対応策を導入済みであり、車の省燃費はすでに不可逆なトレンドになっていた。

他方で、自動車の高性能化も環境性能の向上と同時に劇的に進んだのが、八〇年代だった。日本はバブル経済たけなわとなり、高級車ブーム、輸入車ブームに沸き、数々の国産スポーツカーも誕生し、日本車は黄金期に突入した。次章で詳しく見ていこう。

第三章　狂乱の八〇年代
――日本車の黄金時代と冷戦終結

八〇年代の国際関係は、東西冷戦の激化で幕を開けた。七九年、ソ連がアフガニスタンに侵攻、米ソは宇宙空間まで含めた軍拡競争に突入し、新冷戦がはじまった。アメリカのレーガン大統領は映画の名前にちなみ、通称スター・ウォーズ計画（戦略防衛構想）を策定、ソ連の核ミサイルを宇宙空間の衛星まで使って撃ち落とすなど、壮大な計画を描いた。こうした科学技術の発展が自動車産業に影響を与えたのが、アメリカが主導したIT革命だった。車の様々な制御がより高度に電子化され、ナビが登場し、製造面での自動化も一層進んだ。これらをうまく活かして世界一の自動車大国に登りつめたのが、日本だった。

国有メーカーの民営化

八〇年代は東側諸国だけではなく、西側先進国においても大きな変化が訪れた。アメリカのロナルド・レーガン大統領、イギリスのマーガレット・サッチャー首相、日本では中曽根康弘総理が大胆な規制緩和を行い、国有事業を次々に民営化し、福祉国家に代表される国家財政を削減した。大きな政府による充実した福祉国家から、「無駄な」政府支出を削減して小さな政府を目指す、いわゆる新自由主義が流行した。イギリスは国有化したメーカーを順次民営化して復活の糸口をつかんだ。

日本では八五年四月、電電公社が民営化されNTTに、日本専売公社はJTとなった。八七年四月には国鉄がJR各社に分割民営化された。なお日本道路公団の分割民営化は、郵政民営化とならび、小泉改革の一環として実施された二〇〇五年一〇月のことである。サッチャー首相がなぜ日系メーカーのイギリス工場開設を熱烈に求めたのかは諸説あるが、一つはイギリスの部品サプライヤーに日系メーカーへの納品をとおしてテコ入れし、これによって国有化していたメーカーの株価を売却前に上げることを狙ったと言われている。完成車の組み立て工場と地元サプライヤーが生き残れるならば所有者は外資でかまわないという、ドライな発想である。

BL傘下のブランドも、販売面で全滅していなかった。七〇年にランドローバーの高級版としてレンジローバーが登場し、近年、活況を呈している高級SUVという新しいジャンルに手を伸ばした。八〇年には待望のミニの後継車、メトロが発売され、すぐにイギリスで最も売れる小型車となり、婚前の故ダイアナ妃（ダイアナ・スペンサー）も愛用していた。ただし、目立ったヒット車はこれくらいだった。BLはオースチン・ローバーと改称し、経営陣は目まぐるしく変わった。

BLを最も早く抜けたのが、八四年に民営化されたジャガーだった。くしくも同年、BLとホンダの協業で売られていたトライアンフ・アクレイム（ホンダ・バラード）が生産終了に追い込まれ、BL下の多くのブランドが姿を消した。八六年にオースチン・ローバーの名前からオースチンが消され、八八年にローバーは航空機・防衛大手のBAe（現：BAEシステムズ）に売却された。

ちょうどこの頃に開発されたのが、八六年に登場したローバー800／ホンダ・レジェンドだ。V6エンジンの開発費を節約したいローバーと、北米市場で売る最上級車が欲しいホンダの思惑が一致したコラボだった。タカタとの共同開発により、レジェンドは日本車で初めて運転席用エアバッグを装備した車となった。ホンダが開発したV6エンジンはその後、同社初のスーパーカーNSXに搭載される。なお、ローバーのコベントリー工場で組み立てられたレジェンドはホンダの品質検査に落第し、北米輸出が叶《かな》わなかった。北米向けレジェンドは、日本から輸出された。

他方、七三年に航空・船舶エンジン部門と切り離されたロールス・ロイスは、八〇年にビッカースへ売却され、傘下の姉妹ブランド、ベントレーが元気を取り戻した。ロールス車をお色直ししただけのベントレー車はほとんど売れていなかったが、八五年に登場した独自開発のターボRが、戦前以来のヒット車となり、ロールスの姉妹車シルヴァースパーやシルヴァースピリットよりも売れた。ビッカースは九八年にロールス・ロイスを売却し、ベントレーはVW、ロールスはBMWからエンジンの供給を受けて現在に至る。

スズキ、インドへ

日米英で小さな政府を目指す動きが活発化するなか、そのような質素倹約を是とするメーカー、スズキが大きく躍進したのは、単なる偶然ではないだろう。以下でその軌跡を紹介したい。
スズキは一九〇九年創業の織機メーカーが前身である。一九五二年、自転車補助エンジンのブームに乗ってオートバイ開発に着手し、五五年に四輪軽自動車に進出した。スズキは七三年から二〇〇六年まで、軽自動車の販売台数が日本一だった。

一九八一年八月、スズキは米GMと提携し、この頃から黄金の拡大期に突入した。先立つ七八年に鈴木修が社長に就任し、国内で蓄積した小型車のノウハウを武器に、八一年二月にインド政府と合弁会社マルチ・ウドヨグを立ち上げた。当時インドの総人口は約七億人だったが、GDPは衰退するイギリスの半分に満たず、人口約二五〇〇万人規模のカナダにも及ばなかった。

インドの初代首相、ジャワハルラル・ネルーの孫にあたるサンジャイ・ガンジーは、国民車構想を実現するため七一年にマルチを創業したが、八〇年に航空機の事故で死去してしまった。彼の事故死に伴い、同社は八一年二月に国有化され、マルチ・ウドヨグに社名を改めて提携先を探した。日系メーカーが貧しい大国を歯牙にもかけないなか、スズキはインドの将来性に賭けた。

八三年一〇月、スズキ・アルトをベースにしたマルチ800がラインオフして市場を席巻し、インドの国民車となった。マルチ・ウドヨグは輸入独占権も得て、インドはスズキ車の独壇場となった。八五年には四駆車、そして八六年からはアルトも生産するようになり、ヨーロッパ向けに輸出を開始した。これが後述するハンガリー進出の足掛かりとなり、今日に至る。他社がバブル経済に浮かれ、大きく豪華絢爛な車に手を広げるなか、スズキは得意分野で徹底して「小さく」勝負した。

スズキ・アルト

プラザ合意とバブル経済

八〇年代中盤になると、日系北米工場がほぼ出そろった。トヨタ、日産、ホンダのアメリカ工場についてはすでに紹介したが、八五年にはマツダ・フォードと三菱・クライスラー、八七年にスバル・いすゞの現地生産会社が設立された。

八〇年代は軍事的な緊張が高まった一方、先進国の間でも経済対立が先鋭化した。レーガン大統領は、日本や西欧諸国の貿易黒字がアメリカ経済に打撃を与えていると非難し、解消を強く求めた。八五年九月、日米英独仏の蔵相は極秘にニューヨークのプラザホテルで会合し、協調してドル安介入を行うことで合意した。プラザ合意である。先進国の中央銀行が一斉に手持ちのドルを売り、自国通貨を買い戻した。直前まで円ドル相場は一ドル二四〇円近辺で推移していたが、一夜にして二〇円近く円高になり、一年後には一五〇円台となった。

当然、日本国内は大騒ぎになり、バブル経済に突入することになる。急激な円高により、海外旅行費用が突如半額に落ちたと想像してほしい。たとえば輸入車の値段が夕方のデパ地下のごとく半額近く値引きされたとしたら、早く買わなければ損である。まさに「泡」のごとく、突如経済が沸きたった。広末涼子主演映画『バブルへGO!!』を見ると、その狂乱ぶりの一端を疑似体験することができる。

実際のところ、ブランド・イメージもあるため、輸入高級車は大きく値引きされなかった。むしろプレミアが付き、それでも飛ぶように売れたのが、バブル経済だった。日本の消費生活は突如、意図せず、準備もないまま、急速に国際化することとなった。BMW3シリーズとベンツ190Eが、陸揚げされるやすぐに売れた。そして両車は六本木のカローラ、赤坂のサニーと呼ばれるくらい都内に溢れた。

BMW3シリーズは同社の主力商品であり、七五年に登場して以来、ベンツではないスポーティーな選択肢が欲しいユーザーのニーズに応えてきた。八一年にBMWの日本法人が立ち上がると、3シリーズは主力商品になった。八五年には、ベースモデルに徹底的に手を入れたM3が発売され、本国のDTM（ツーリングカー選手権）でベンツ190Eと激戦を繰り広げた。バブル経済が輸入車を身近な存在にした功績は大きい。国際的に非難を浴び続けた日本の貿易黒字を（少し）減らす作用もあった。

エアバッグの標準化

バブル経済の沸騰と消費生活の国際化は、日本車のモノづくりにも影響を与えた。それまでは贅沢品だった装備が、オプションではなく、標準装備となりはじめた。

自動車用のエアバッグの特許は、五二年にアメリカ、五三年にドイツで取得された。しかし当時のエアバッグは圧縮空気で展開したため、乗員を保護できる早さで開かなかった。これを現在のように火薬によって瞬時に展開できるよう六三年に発明したのが、小堀保三郎だった。小堀は栃木県出身、小学校卒業後に奉公に出て以降、全て独学で学んだ努力の人だった。一四カ国でエアバッグの特許を取得したが、肝心の日本では火薬の使用が消防法に抵触し、採用されなかった。資金難に陥った小堀は、七五年に夫婦で心中している。世界的な発明は、母国で孤立無援のまま見殺しにされたのだった。

その間、アメリカでは小堀に似た発想で研究が続けられ、GMが七三年、政府に納入するシボレー・インパラにエアバッグを装備した。GMは翌七四年に高級車トロネードに乗員保護用も含むエアバッグを装備した。五二年の特許も海軍エンジニアによる発明であり、国防面での使用が前面に出ていた。エアバッグの世界的な普及は、小堀の取得した特許の期限が切れた後だった。

一九八〇年、満を持してベンツがSクラスにオプションでエアバッグを装備した。ベンツはエアバッグの展開とシートベルトの締め上げを連動させ、GMのような補助的な位置付けではなく、統合されたシステムに昇華させた。ベンツは、取得した特許を無償公開した。ボルボがシートベルトの特許を無償公開したエピソードを彷彿とさせる。

エアバッグは当初はSクラスの上級グレードのオプション装備だったが、徐々に標準装備となった。190Eも本国では登場時(八二年)からエアバッグを装備していたが、日本の法律でエアバッグ装着車の輸入が許可されたのは、ようやく八七年になってからである。すでに米独で消費者保護の十分な実績があったものを何年も排除し続けた姿勢には、疑問を抱かざるをえない。しかも、それは日本人の発明だった。

エアバッグを初めて装備した国産車は、八七年のホンダ・レジェンドである。八五年の登場後、北米向けのレジェンドは八六年からエアバッグを装備していた。火薬法の改正もあり、その後エアバッグは各社が採用するようになった。九〇年に登場した二代目レジェンドは、日本で初めて助手席エアバッグを装備した。こうして助手席エアバッグ、膝ガード、側面エアバッグなど、乗員保護の技術は進歩していった。室内上部に展開するカーテンエアバッグを世界で初めて装備したのは、九八年に登場したトヨタ・プログレである。

カーナビの登場

英語版ウィキペディアの「カーナビ（Automotive navigation system）」のページには、日本語版にない記述が登場する（二〇二三年七月時点）。カーナビの歴史の冒頭が、「一九六一年、八木秀次が軍用目的のワイヤレスのナビゲーション装置を発明」となっているのだ。八木秀次と言えば、日本では八木アンテナの発明、そして戦中は「必死（特攻）ではない必中兵器」の開発に携わり、そのなかから戦後ソニーを創業する井深大《いぶかまさる》と盛田昭夫を輩出した科学者である。

現在のカーナビ、そしてスマホの地図アプリで使われているGPS（全地球測位システム）は、元々はアメリカで軍用の研究が進み、実用化された技術である。これを民生用、特に自動車用に応用し、広く実用化したのが日本だった。アメリカは当初、軍事機密を民間に共有することに消極的で、民間用の測定誤差は一〇〇メートル近くあったが、八三年に大韓航空機撃墜事件が起きると、一転して民間に技術を開放しはじめた。カーナビは通産省の指導の下、七九年に設立された自動車走行電子技術協会（二〇〇三年より日本自動車研究所）の下で共同研究が進んだが、起源は七三年にスバルと共にはじめた研究と言われている。

世界で初めてナビを積んだのは、八一年のホンダ・アコードだった。「エレクトロ・ジャイロケータ」は運転席横のブラウン管画面に自車の移動量と方向を示し、それに合った地図のセルを画面に貼り付けて自車の位置を確認するものだった。

同年、トヨタ・セリカに「ナビコン」が装備された。セリカは八四年から八六年までサファリ・ラリーを制し、八六年に四駆仕様のセリカGT‐FOURが登場した気鋭のスポーツカーだった。映画『私をスキーに連れてって』にも登場しており、一九九〇年には日本車初のWRCドライバーズ・タイトルを獲得、日本製のスポーツ四駆の名を世界に轟かせた。ほどなく、日産スカイラインにも「ドライブガイドシステム」が搭載されている。

デンソーなどサプライヤーによる開発もあり、ナビに渋滞情報などを提供する現在のVICS（九六年）につながった。初代セルシオ（九二年）には、アイシンが開発した世界初のボイス・ナビゲーションが搭載された。日本はカーナビ先進国となり、世界中の八割強のカーナビが日本製となった。スマートフォンが登場するまで、日本の天下だった。

自動車電話

カーナビの衰退については第五章で後述するが、関連して、いまとなってはスマホで足りる機能になり下がってしまった昭和の装備品といえば、自動車電話であろう。軍用無線のような巨大なショルダーフォンは、NTTドコモ「歴史展示スクエア」で現物を確認できる。

自動車電話の歴史は意外と古く、モトローラの社史によれば、一九四六年、シカゴで最初にサービスが提供されている。モトローラといえば、四〇年にハンディートーキーSCR536

を投入し、第二次大戦で大活躍した無線機を生んだ会社である。四一年には初の双方向FM帯無線をフィラデルフィア警察に納品した。しかし四六年にシカゴで自動車電話に割り当てられた周波数帯は狭く、同時通話できる本数が非常に限られていた。

自動車電話の初期の歴史は、それ自体の歴史というよりも、携帯電話網の発展史である。ドイツでは一九五八年にAネッツとしてドイツ郵政の下で運用がはじまり、七二年には交換手を介しないBネッツにバージョンアップした。

ノキア（一八六五年創業）を擁する中立国フィンランドは、主力輸出市場がソ連という特殊な環境にあり、六八年に研究に着手、七一年に自動車無線電話サービスを開始した。フィンランドは「北欧の日本」と呼ばれるほどテクノロジーの最先端を走っていたが、アメリカから最新の機器を輸入してはこれを参考にソ連向けの商品を開発して輸出し、日本よりもしたたかだった。当然、アメリカから目を付けられた。

日本における自動車電話は七九年、電電公社の時代に大都市限定ではじまった。重さ七キロ、約三〇センチ四方、厚さ八センチの本体からコード付きの受話器が伸び、車から離れて通話することはできなかった。これが全国的に使えるようになったのが八四年であり、民営化してNTTとなった八五年、満を持して登場したのがショルダーホン（車外兼用型自動車電話）だった。重さは三キロに軽量化され、待受け八時間、通話は四〇分可能だった。月額基本料二万円、そして別途通話料が一分で一〇〇円だったと言われている（NTTによるサービスは二〇一二年に終了した)。

バブル経済と貿易黒字削減の「粉飾」

一方的な貿易黒字の拡大を非難されたため、日本は国内障壁を取り除き、JETROは輸入を拡大するため、海外企業の日本進出を側面支援した。他方で、貿易黒字の縮小幅を大きく見せる「大きなお買い物」もあった。ハリウッドの映画会社やニューヨークの有名なビル、ゴッホの名作「ひまわり」などを日本企業が買収し、米欧での日本脅威論を勢いづかせた。

車の世界も、黒字削減の「粉飾」に役立った。同じ一億円の売り上げも、スーパーカー一台よりも大衆車が七〇台売れる方が、輸出国の雇用には貢献が大きい。バブル期では、八七年に発表されたフェラーリF40が日本で値上がりした一つの例である。F40は創業者エンツォ・フェラーリが生前に直接指示を出して開発が進んだ最後のモデルであり、同社創立四〇周年を記念する限定モデルのため、一三〇〇台生産されたに過ぎない。ターボは石川島播磨(現:IHI)製で、F40は実測で時速三〇〇キロ出た。わずか五九台が日本へ正規輸入され、価格は五〇〇〇万円前後だったが、一億円以上の値札がつくこともあり、それで

フェラーリF40

も売れた。

GAFAMの隆盛とABSの普及

バブル経済で絶好調とはいえ、日本が先端技術を使ったキラーコンテンツを提案できなかった例もあった。ここでは侮れないフロントランナー米国と、自動車発祥国ドイツの例を見ていこう。

アメリカはどのようにIT産業で世界をリードする存在になったのか。IBMの創業は一九一一年のニューヨークで、パンチカードによる集計システムの開発・販売で大企業に成長し、大戦中は米軍向けの兵器開発に貢献した。そして一九八一年、パーソナルコンピューター（PC）を発売した。OSはマイクロソフトのMS-DOS、頭脳はインテル製だった。

そのインテルは六八年にシリコンバレーで創業し、七一年に世界初のマイクロプロセッサーを開発した。マイクロソフトの創業は七五年で、現在も続くOS「ウィンドウズ」を八五年に発表した。創業者の一人で世界長者番付の常連、ビル・ゲイツを知らない人は少ないだろう。そしてパソコンのみならず、スマートフォンでも有名になるアップルを故スティーブ・ジョブズらが創業したのが、七六年だった。アマゾンとグーグルの登場は九〇年代、フェイスブックの登場は二〇〇〇年代である。

ジョブズは、ナンバープレートのついていないベンツSL55AMGで出勤していたことで知られている。カリフォルニア州では新車購入後六カ月間、ナンバープレートの交付を受ける猶予期間があり、ジョブズは同じ新車を半年で次々に乗り換えていた。SL55AMGは五〇〇馬力の高出力だが、オートマ変速をF1マシンのようにハンドル後ろのパドルシフトで楽に操作でき、足回りの固さ（車の乗り心地）を電子制御で調整できる、半導体で大量武装した高級スポーツカーだった。

ベンツは、八〇年代にABS（直訳すると、反ブレーキ・ロック装置）を広く普及させたメーカーである。ABSは、運転手が急ブレーキの際にブレーキを強く踏み過ぎても、車を前に向けたまま安全に止める技術である。自動的にブレーキに毎秒一〇回前後、弛緩と加圧を繰り返させるため、高速で正確な演算が必要とされる。早くからABSを車に実装したのは米国のフォードやクライスラー、GMであり、起源は軍出身のエンジニアの発明である。

現在普及している自動車用のシステムを最初に実用化したのはドイツの部品サプライヤー、ボッシュである。ボッシュ製のABSは七八年にベンツSクラスにオプション設定され、八七年にはベンツの全車種に標準装備されるようになった。オートバイの世界では、八八年にBMW・K100が初めて二輪用ABSを装備し、すぐに各社が追随した。

チョルノービリ原発事故と核ミサイル

日本でバブルが過熱する裏で、冷戦体制の崩壊も進んでいく。一九八七年、東芝機械がココム違反をアメリカに指摘され、日本で逮捕者が出た。東芝が輸出した工作機がソ連の原子力潜水艦のスクリューを表面加工するために使われ、そのせいで水泡の発生が抑えられて静粛性が大きく向上し、米海軍艦船による早期発見を困難にした、との容疑だった。八五年にはいすゞが日系メーカーで初めて中国工場を開設したばかりであり、他もこぞって（再）進出が見込まれ、アメリカは日本による東側諸国への接近にいら立っていた。

　西欧諸国や日本がソ連との経済的な関係を拡大する背景には、東側の内情も影響していた。ラーダ１２００は一九七〇年以来、フィアット１２４の東欧版としてなお流通していたが、当のフィアットは１２４を後継モデルに引き継いで進化していた。東欧の産業水準は、時計が止まっているようだった。そして人的な管理も行き届いていなかった。八六年四月、白ロシア（現在のベラルーシ）との国境に近いウクライナのチョルノービリ原発で、炉心融解事故が起きた。安全装置が落ちた状態で原子炉を止める演習を行っている最中、原子炉が本当に熱暴走をはじめてしまったのだ。

　チョルノービリ原発事故に象徴されるような行き詰まりを打開するため、八五年ミハイル・ゴルバチョフ書記長が就任し、ペレストロイカ（自由化改革）とグラスノスチ（情報公開）を実施した。八〇年にはポーランドのグダニスク造船所で労働運動「連帯」が権利拡大と言論の自由を求めて立ち上がっていたが、ゴルバチョフは中・東欧諸国の改革を妨げなかった。最も対応が遅れたのが、西ドイツへの人口流出を抑え込みたい東ドイツだった。社会主義統一党は体制の引き締めに走ったが、近隣国（ハンガリー、ポーランド、チェコスロバキア）経由で西ドイツへ向かう東独市民の流出が止まらなくなった。東西ドイツ統一の序曲である。

こうした東側の動きに対し、西欧諸国は陰に陽に民主化を支援した。西側諸国が東側への接近を急ぐ背景には、米ソ軍拡があった。七〇年代終盤に中距離核兵器が登場し、東西ヨーロッパが「使いやすい核兵器」によって戦場となる危険が増した。ソ連のSS20（ロシア名RSD10）はアメリカ本土には届かないが、西欧諸国や日韓など、同盟国には届く「絶妙な」射程距離の核ミサイルで、危機認識のズレを生ませる「使いやすい」危険な兵器だった。NATOはソ連による配備を非難しつつ、同様のコンセプトのアメリカ製ミサイルを西欧同盟国に配備するという「二重決定」を行った。

SS20の移動式発射台の原型は六二年に登場したMAZ543で、エンジンは排気量三九リットル、五〇〇馬力強を発生し、時速六〇キロで走行できた。消防車やクレーン車など派生車種もあり、移動式発射台はイラク、中国、北朝鮮をはじめ、各地で現在も使われている。ソ連は技術力に課題を抱えつつも、東側諸国限定でT1国的なポジションを占めていた。

東側に草の根でアプローチ

西側の平和運動は中距離核の配備に抗議し、東側の市民にも連帯して抗議するよう訴えた。八〇年代に入り、草の根で人々の交流が拡大したが、東ドイツでは、キリスト教会などが反体制派のシェルターとして機能した。牧師は例外的に西側への移動許可取得が不要な特別職であり、後に統一ドイツの首相となるアンゲラ・メルケルも、牧師一家の出身だった。

西側からのアプローチは、平和運動だけではなかった。フィアットのトリヤッチ工場（ソ連）はすでに紹介したが、ここではスズキのハンガリー進出を見てみよう。ハンガリーはソ連を頂点とする経済圏コメコンの下、トラックとバスの生産に特化させられていた。六九年に頓挫した日産のハンガリー工場計画も、フィアットとライセンス契約を結んだソ連に加え、シュコダを擁するチェコスロバキアの反対に遭っていた。かつての日産の工場予定地には、冷戦終結後、独アウディの工場が建った。

ハンガリー政府内では、インドのマルチ・ウドヨグ工場を視察し、スズキの誘致を望む一派と、ハンガリーのトラック製造会社と独オペルとの協業を望む一派が対立していた。他方スズキ側は、現地調達部品の品質が向上するまでは日本から部品を輸出する方針だったため、サプライヤーを育てたいハンガリー側と食い違い、八五年にはじまった交渉は時間がかかった。ハンガリーはコメコン内の分業を飛び越え、西側に輸出して外貨を稼ごうとした。ハンガリー政府とスズキの交渉は冷戦終結前には決着せず、社会主義労働者党が一党独裁を放棄した翌年、九〇年になってようやく決着した。

九一年にマジャール・スズキが創設され、九二年一〇月からスイフト（日本名カルタス）が生産された。以降、歴代スイフトに加え、ワゴンR＋、スプラッシュ（オペル・アギーラ）などを生産した。歴史の一歩前を行くスズキの先見の明には驚かされる。こうして、インドの国民車がマルチ800（スズキ・アルト）となり、ハンガリーの国民車がスイフトになった。

◎コラム5　ドイツの公用車

日本と共に敗戦国として戦後を迎えた（西）ドイツであるが、戦前はベンツ、ポルシェ、アウトウニオン（現：アウディ）が世界選手権で輝かしい戦歴を残しており、自動車産業の水準は日本の比ではなかった。初代首相のコンラート・アデナウアーは、メルセデス・ベンツ300（通称アデナウアー）を長く公用車として愛用した。実車は、西独の首都だったボンの連邦博物館に展示されている。

ベンツは歴代首相が公用車で最も乗り継いだブランドであり、歴代Sクラスが九〇年代終盤まで活躍した。伝統が崩れたのは、ゲアハルト・シュレーダー政権期である。彼は社民党らしく、あるいは元VW取締役としての立場からフォルクスワーゲン・フェートンを公用車に選んだ。フェートンは傘下のアウディの最上級モデルA8の兄弟車だが、A8とは正反対に市場で全く人気がなく、実車にお目にかかるほぼ唯一の機会となった。車を輸出するトップセールスには失敗したが、シュレーダーはアウディA8も公用車とし、VWグループの宣伝に努めた。「自動車産業全体を盛り上げる」という気遣いだったのか、シ

ベンツ300（通称アデナウアー、首相公用車）

ュレーダーはBMW7シリーズも採用した。

後任のメルケル首相は伝統に回帰し、就任以来、手堅くベンツSクラスを愛用し続けた。ベンツの最上級版マイバッハを公用車に採用しないのは、トップセールスや見栄よりも、単一通貨ユーロを支える盟主として、国家財政を優先するためであろう。節約の度が過ぎたのか、政府専用機は近年故障続きで、外交実務に支障をきたしている。

なお、自国産の自動車がない国の首脳、その在外公館、および国際機関では、ベンツやBMWのシェアが圧倒的である。今後、レクサスをはじめとする日本勢がどこまで食い込めるのか注目したい。ハイブリッド、EVや水素への転換はチャンスであろう。

壁の崩壊と冷戦終結、ドイツ統一――VWゴルフvsトラバント

東側の市民にも、変化が見られた。監視、盗聴、尾行が横行する監視体制下にもかかわらず、市民は西側の文化を少しでも吸収しようとした。八七年六月六日、デヴィッド・ボウイがベルリンの壁に近い西ベルリンのライヒスターク（旧国会議事堂）前広場でライヴを行い、翌年六

月一九日には、マイケル・ジャクソンが同地でコンサートを開催した。東ドイツの若者は、ビルの窓や電柱に登ってまで、漏れ聞こえるロックに触れようとした。シュタージ（秘密警察）は若者が立ち入り禁止区域に押し寄せることを恐れ、壁から遠いスタジアムでのライブビューイングまで計画したと言われている。

民意に押され、モスクワからの助けもなく、東ドイツ政府はやむなく出国規制の緩和を決めた。八九年一一月九日、規制緩和をラジオ放送で発表した際、わずかな言い回しの違いで「直ちに緩和」と市民に伝わってしまい、放送直後に東ドイツ市民がベルリンの検問所に大挙して押し寄せた。なすすべなく、検問所は開放された。

東西ベルリン市の最初の共同作業は、連合国（米英仏ソ）政府の許可をえた上での、交通整理だった。検問所「跡」には、自由な往来を実感するため、連日、人と車が東西から押し寄せた。映画『グッバイ・レーニン！』で描かれた光景である。東ドイツが誇るトラバントと西ドイツの定番VWゴルフが混走する光景は、戦後それぞれ別の道を歩んだ東西ドイツの（あまりに大きな）違いを象徴し、まもなく訪れる冷戦終結を予感させた。

八九年一二月、米ブッシュ大統領とソ連のゴルバチョフ書記長が地中海のマルタで会談し、冷戦の終結を確認した。そして九〇年一〇月三日、東西ドイツは一つの国家となった。法的には、東ドイツの各県を新しい州として西ドイツに編入する、という処理がなされた。これにより、旧東ドイツのNATOとECへの「加盟」、冷戦後最初の「東方拡大」が実現し、旧東ドイツ領内に駐留していたソ連軍は撤退した。

再統一後、旧東ドイツ市民が「憧れのＶＷゴルフ」に殺到したことは想像に難くない。東西マルクは一対一で交換されたため、東ドイツ市民にとっては家族所得が倍増（以上）する支援となった。トラビーにもＶＷのエンジンを搭載したモデルが追加されたが、いまや中古のゴルフを買えるようになった旧東ドイツ市民がわざわざトラビーを買うわけもなく、一年で生産停止となった。買い手がつかなくなったトラビーに飛びついたのは、物珍しさに惹かれた旧西ドイツ出身の車好きたちだった。

マクドナルド資本主義とドライブスルー

『グッバイ・レーニン！』では、壁の崩壊後、ベルリン市内のマクドナルドの店員となって急速に「西側化」する若者たちの姿も描かれている。国家間の経済的な相互依存を表し、マクドナルドがある国同士は戦争をしない、と言われるが、冷戦の終結を象徴するように、雨後の筍《たけのこ》のごとく、ロシア各地や中・東欧諸国にマクドナルドが開店した。

マクドナルドは冷戦中、八〇年のモスクワ五輪に合わせた開店を目指していたが、実現しなかった。一〇年越しの悲願が達成され、鉄のカーテンの向こう側でファーストフード店の第一号となったのは、九〇年一月末に開店したマクドナルド・モスクワ店である。冷戦下では米「帝国主義」の急先鋒と警戒されたが、開店前に五〇〇〇人が行列し、一日目に三万人が訪れた。

なお、日本一号店は七一年七月に開店した、銀座三越店だった。国内のドライブスルー第一号は、七七年一〇月オープンの、東京都杉並区の環八高井戸店である。国内五〇〇号店が（東名高速）用賀インター店、二〇〇〇号店が首都高速大黒パーキングエリア店と、日本マクドナルドは車と縁が深い。銀座三越店はその後、移転して銀座晴海通り店となり、二〇〇七年五月に閉店した。モスクワのプーシキン広場店は、ウクライナ侵攻後の二〇二二年に閉店している。

ドライブスルーは本場のアメリカで歴史が古く、発祥は一九三一年のカリフォルニア州と言われており、マクドナルドは七五年にアリゾナ州の米軍基地の勤務者向けにスタートさせた。食について保守的な欧州で、最初にマクドナルドのドライブスルーが開店したのが八五年のダブリンであり、九六年にスウェーデンのスキー場でスキー・スルー店が実現している。

冷戦後の世界の予兆——天安門事件

冷戦終結は、ソ連のくびきから中・東欧諸国を解放し、独裁支配を終わらせ、（当時は）希望に満ちた瞬間だった。その後、民主化と経済の自由化（国有企業の民営化）を同時に行ったこれら諸国は、国内が混乱した。かつての盟主、ソ連はいくつもの共和国に解体し（九一年）、新たに成立したロシア連邦も同様の混乱と低迷に陥った。東欧の名門シュコダがその後たどった顚末《てんまつ》は、次章で述べる。

対してアジア諸国では、経済の自由化を緩やかに進めつつ、民主化は頑として行わなかった。その急先鋒が、改革開放以降、徐々に経済力をつけた中国だった。

八九年六月四日、自由と民主化を求める学生が集まる天安門広場で、衝撃的な事件が起きた。広場に人民解放軍の戦車と歩兵が集結、学生に対し発砲し、装甲車で轢《ひ》いた。中国共産党は兵士を含む二四一人が死亡し、七〇〇〇人が負傷したと発表（六月五日）したが、二〇一七年に機密解除された当時のイギリスの外交電報は、死者数が一万人を超えると本省に報告している（BBC）。

鄧小平は事件の五日後に現地を訪れ、学生たちを「共産主義を倒そうとする反逆者」と非難し、（若者を踏みにじった）軍を称賛した。中国では現在も、ネット検索しても検索結果が出ないよう、検閲されている。香港には犠牲者の遺品などを展示する「六四記念館」があったが、二〇二一年六月、当局が閉鎖した。民主派団体幹部の逮捕が相次ぐなか、インターネットサイト「六四記憶・人権博物館」が開設され、展示を引き継いでいる。

一九八九年——国産車ビンテージ・イヤー

ここでもう一度日本に目を転じよう。天安門事件に先立つことおよそ五カ月、一九八九年一月七日には、昭和天皇崩御の一報が列島を駆け巡っていた。戦前は現人神とされ、敗戦後の四六年に人間宣言を発した裕仁は、激動の昭和の時代をまさに象徴する存在だった。

わずか七日間続いた「昭和六四年」が平成元年と改められたこの年、多くの名車が誕生した。いつしか八九年は「国産車ビンテージ・イヤー」と呼ばれるようになった。日本の年間生産台数は一三〇二万台に達し、一〇年連続で世界一を記録、輸入車登録も一八万二〇〇〇台で史上最高を記録した。まさに、バブル真っ盛りである。

日産スカイラインGT-Rも、この時期に復活した。六九年に華々しくデビューし、レースで圧倒的な戦績を残しながらも石油危機のあおりで売り上げが失速、七三年に登場した二代目はわずか一九七台生産された後、数カ月で打ち切りとなってしまったGT-Rが、一六年ぶりに復活したのである。直6エンジンにツインターボ(ターボチャージャーを二基搭載)で二八〇馬力を発生し、これを最新の四駆で路面に無駄なく伝えた。レース参戦を前提に設計されたエンジンはその倍近い出力も許容するといわれており、デビュー早々にタイトルを総なめにした。そして鬼のような改造車も公道を闊歩した。オーストラリアに少量輸出された車両もレースで圧勝し、怪獣映画にちなんで「ゴジラ」のあだ名がついた。伝説は復活し、海を越えた。

GT-Rとは対照的に、全く新しいストーリーを紡ぎ出したのが、ホンダNSXである。F1で結果を出しはじめていたホンダには、スポーツイメージの旗艦が必要だった。開発にはF1ドライバー、アイルトン・セナや中嶋悟も参加し、世界で初めて車体を全て軽量なアルミで構成する、世界から注目されるスーパーカーが誕生した。レジェンドのV6エンジンを大きく手直しし、これをF1マシン同様にドライバーの後ろに搭載するMRだった。一台一台、手作業で車が組み立てられた。価格は、当時で一台八〇〇万円だった。

NSXはドライバーの視界が良好で、ゴルフバッグも後ろに積める。デザインについては賛否あったが、フェラーリやランボルギーニなど他のスーパーカーも、以降は「日常的な使い勝手」を考慮して車を作らざるをえなくなった。八九年発売の後、九二年には高性能版のタイプRが加わり、一〇〇キロ近い軽量化とエンジン内の部品を徹底的に見直すなどのブラッシュアップを受け、ドイツやイタリアのスーパーカーのようなアプローチを採用した。タイプRは、今もホンダのブランド・イメージの中心にある。

ロータリー・エンジンを搭載したRX-7を擁するマツダは、異なるアプローチを選んだ。オープンルーフのスポーツカーは特に北米で多く流通していたが、どれも車体が大きくて重く、運転を楽しむよりも「見せびらかす」ものに近かった。ユーノス・ロードスターは小型車ファミリアの車体をベースに、ファミリーカー向けのエンジンをほどよく出力アップさせ、純粋に運転を楽しむための車として開発された。車高が低くて狭い、二人乗りの車内に乗り込む所作は、茶室に入るイメージでデザインされた。マツダ・ロードスターは登場するやいなや日米欧で飛ぶように売れ、世界各地に輸出され、最も生産された二人乗りのオープン・スポーツカーとして、ギネス記録を現在も更新中である。

日本車は、単に「よくできた、お値頃価格のファミリーカー」を脱し、世界的な車づくりの方向性に影響を与える存在に成長した。バブル経済が戦後高度成長の総決算だったとしたら、その有り余る経済力は、このようなモノづくりの高度化にターボをかける役割を果たした。

八九年には、この他にも、リトラクタブル・ライトを採用しミッドシップでエンジンを搭載するトヨタMR2（二代目）、これに対抗する日産シルビアの姉妹車180SX、そして北米仕様の出力が日本車で初めて三〇〇馬力に達した四代目の日産フェアレディZなどが登場した。昭和の終焉《しゅうえん》に巻き起こった「不謹慎な」馬力競争は警察庁と運輸省に目を付けられ、以降、二〇〇四年まで国内馬力自主規制（上限二八〇馬力）が敷かれることになり、速度計の表示（と速度リミッターの作動）も時速一八〇キロとされた。なお、欧州ブランドなどの輸入車は適用外だった。

そして、スバル・レオーネの後継として八九年に登場したレガシィ・ツーリングワゴンGTが、新しいジャンルを拓いた。二二〇馬力を発生するボクサー（水平対向）4エンジンで武装したGTは、家族全員を窮屈なスポーツカーに詰め込むわけにいかない（けれど半端なスポーツカーには負けたくない）お父さんたちにウケた。九一年に登場したボルボ850、スカイライン譲りのエンジンで武装した日産ステージア（九六年）と共に、九〇年代をとおしてヒットした。スバルは北米でボルボのシェアを食って市場を拡大し、現在のポジションを獲得した。

高級車元年——消費税導入とシーマ現象

八九年は、日本にとって「高級車元年」でもあった。国産・輸入を問わず、高級車の拡販につながったきっかけが、八九年四月の消費税導入である。新車購入時の税負担が大幅に軽減されたことによって、メルセデス・ベンツの独壇場がさらに強化され、これにBMW、アウディをはじめ、高級スポーツカー・ブランドが続いた。

この時代を最も象徴する車といえば、日産シーマであろう。シーマは日産セドリック、プリンス（日産）グロリアの最上級車種として、3ナンバー車専用で開発された。トヨタ・クラウンの3ナンバー車にワイドボディーのモデルが追加されることに対する、対抗馬だった。シーマ登場の五年ほど前、乗用車のドアミラーが初めて許可された。ハイカラの象徴だった電動サンルーフが増えたのも八〇年代である。最新のハイテクを満載した3ナンバー車は、ステータスだった。筆者の小学校時代の友人の母が、真新しいセドリックのパワーウィンドウに頭を挟み、大騒ぎになっていたことを懐かしく思い出す。我が家の日産パルサーは、手動でハンドルをクルクル回して窓を開けていた時代だ。ETCもない時代のため、高速の料金所で父は大変だった。小銭など落とそうものなら、二分間の停車が確定である。盆暮れ正月でなくても、料金所は常に渋滞していた。

ここで日本を代表するセダン、トヨタ・クラウンと日産セドリック／グロリアの競争にも言及したい。国産車で初めてターボを搭載したのが七九年のグロリアだった。スポーツカーにあからさまに装備して警察庁と運輸省に目を付けられないよう、重い高級車の走行性能を向上するため、と称した。対するクラウンは八五年、国産車で初めてスーパーチャージャーを搭載し、ロイヤルサルーン・スーパーチャージャーとなった。これら飛び道具が当局から禁止されないとわかると、当然のように、スポーツカーに次々と実装した。

この崇高な争いの「頂上（スペイン語でcima）」に位置したのが、八八年に発売された初代シーマであり、アメ車のごとき大きなV8エンジン、（羽が軽く高性能な）セラミック・ターボで武装した二代目シーマが九一年に登場した。日産には最上位車種としてプレジデントがあり、その下ではトヨタ・ソアラと日産レパードが激しく競合していたが、シーマはそこに豪華さと圧倒的な速さで割り込んだ。余談だが、二〇二一年、女優の伊藤かずえが登場当時から大切に乗り続けてきたシーマを、日産の有志チームが半年以上かけて完全にレストアして話題になった。

輸出車でも高級車路線が進んだ。レクサスLS、インフィニティQ45、アキュラTL――この三台の北米向け日本車の、日本名を答えられる方はどれくらいいるだろうか。プラザ合意によって円高が急激に進み、日本の工場で作った車を北米に輸出すると、現地では大幅な値上げとなってしまった。どうするのか。答えは、高級ブランドを立ち上げ、高付加価値で勝負することだった。折しも八九年、米ブッシュ新政権は日米構造問題協議をはじめ、日本の非関税障壁、商習慣や流通構造などで改善を求め、自動車メーカーは系列部品産業とのつながりを見直すよう求められた。

レクサスLSは、日本で八九年に登場した初代トヨタ・セルシオである。八九年は、レクサス・ブランドが立ち上げられた年であり、その目玉商品がLSだった。部品単位で精度を極限まで高め、圧倒的な静粛性を実現した。とある評論家は車内の静粛性を「お寺の境内のごとし」と喩《たと》えた。本場ドイツの高級車ブランドがこぞって購入し、ネジ一本まで分解して研究した、ゲームチェンジャーだった。レクサスは北米、イギリス、中東、そしてしばらくして中国で人気を博し、ブランドの立ち位置を確保した。

日産が八九年に北米で立ち上げたのが、インフィニティである。Q45は輸出のためシーマの運転席・助手席前のパネルを漆塗りとするなど、木目パネルと本革シート、という従来の高級車の方程式から離れた独自性を打ち出した。エンジンはZ同様に三〇〇馬力仕様であり、北米向けにはGT-Rと同様のスポーツ四駆が搭載され、速さにもこだわった。

高級ブランドであるアキュラを一足早く八六年に立ち上げたホンダは、インテグラとレジェンド（RL）を売り、五年連続で顧客満足度一位を獲得した。そして九五年にアキュラTLとして登場するのが、同年に国内で発売された二代目インスパイヤである。直列5気筒エンジンを前輪と運転席の中間に積む、フロント・ミッドシップだった。初代インスパイヤは国内で売れたが、二代目になるとバブル収束もあり、減退した。

インスパイヤは北米では成功し、車づくりが一層国際化したが、北米向けの車は本国の日本市場ではウケが悪かった。これはメーカーを問わず、北米ジレンマともいえる難題である。その後、たとえばホンダは北米市場を念頭に大きくなったシビックの代わりに一回り小さくて軽い初代フィット（二〇〇一年）を、スバルはレガシィに次いでレヴォーグ（一四年）を日本市場に投入している。

日本車、F1の頂点へ

八〇年代の自動車の開発競争は、国際レースでも佳境を迎えていた。前章で触れた英マクラーレンは、炭素繊維の車体（カーボンファイバー・モノコック）をF1で採用した最初のチームであり、ホンダと契約するまではポルシェからエンジン供給を受けていた。

八六年にホンダのエンジンを積んだウィリアムズにタイトルを奪われたのを機に、マクラーレンはホンダと接触し、八八年に契約した。アラン・プロストに加え、新ドライバーにアイルトン・セナを迎え、マクラーレン・ホンダMP4の最強チームができあがった。一六戦一五勝という圧勝だった。日本勢初のタイトルである。ホンダ・エンジンの優位を削ぐため、翌年はターボが禁止されたが、一六戦一〇勝で翌八九年を制したのもマクラーレン・ホンダだった。

ただし黄金チームは長く続かず、プロストとセナの不仲もあり、九〇年にプロストはフェラーリに移籍してしまう。セナは四連覇を果たすも、九二年のタイトルを逃し、同年ホンダはF1から撤退した。九四年、イタリアGP（イモラ）で、ブラジルの英雄セナは帰らぬ人となった。同年、宿敵プロストも引退し、F1は低迷期に入った。セナが激突したコーナーは改修され、今も献花が絶えない。

ホンダのＦ１参戦に負うところ大きく、日本でもＦ１人気が沸騰した。八七年に日本人で初めて全戦参戦するレーサーとして、中嶋悟がロータス・ホンダから参戦した。同年、長く開催されなかった鈴鹿のＦ１日本ＧＰも復活した。

公道のＦ１と化したＷＲＣ

八〇年代中盤に入ると、市販車の性能競争はありえないレベルで激化した。「古き良き」ゆるいルールのため、ＷＲＣの最高峰クラス（グループＢ）は改造がほぼ無制限に許されていた。各社は外装だけ市販車の形を模し、その内側の車体、エンジン、足回り、ブレーキなど、全てを競技のために専用開発したフル改造の「スペシャル・マシン」を投入した。エンジン（五〇〇馬力以上発生）の搭載位置をＦ１のように車の中央近くに移設したミッドシップ（ＭＲ）となり、「市販車のガラを被ったＦ１マシン」とも呼ばれた。

ＷＲＣ投入を前提としたメーカー純正の改造車も登場した。ルノー５ターボである。エンジンの搭載

ルノー５ターボ

位置を車体前部から中央に変更するなど、大衆車ルノー5の中身をラリー向けに根本的に作り直し、八一年のデビュー戦、ラリー・モンテカルロを制した。

閉鎖した公道上とは言え、道路脇で観客が観戦し、民家はおろか、壁や看板、標識もそのままである。WRCでいつ重大な死亡事故が起きてもおかしくなかった。八六年の仏コルシカ島、ツール・ド・コルスで、ついに悲劇が起きた。ランチア・デルタはコースを外れて崖を転落、大破炎上した。ドライバーのヘンリ・トイボネンとコ・ドライバーのセルジオ・クレストは即死だった。事故の数時間後、グループBの開発凍結が決定し、翌年、グループBは廃止された。デルタは未舗装路でもわずか二・三秒で停止状態から時速一〇〇キロに到達する、怪物になっていた。最新のオートバイはおろか、現行のEVスーパーカーでも難しい加速力である。

なお、ルノー5ターボは、久々に一回限りの復活登壇となったショーン・コネリー演じるジェームズ・ボンド『ネバーセイ・ネバーアゲイン』に登場している。ボンドを仕留めようとする女殺し屋が駆る5ターボは、オートバイを駆るボンドを尻目に、坂道とカーブが続く街中の狭い道を可憐に駆け抜けていった。

日本車、WRCとラリーを席巻

八七年にWRCのグループBが廃止された後、規制を強化したグループAで結果を出したのが、ランチア・デルタHFだった。デルタは八七年から九二年までメーカー・タイトルを連覇し、ドライバーの年間タイトルでも八七年から八九年まで制した。

これに一矢報いたのが、トヨタ・セリカだった。カルロス・サインツが九〇年に四駆のセリカを駆ってドライバーズ・タイトルを勝ち取ると、続く九二年から九四年にドライバーズ・タイトル、そしてついに九三年にデルタを下してマニュファクチャラーズ・タイトルも獲得した。以降、二〇〇〇年まで、WRCはセリカとスバル・インプレッサ、三菱ランサー・エボリューションのタイトル争いになっていった。

三菱はパリ・ダカール・ラリー（以下、パリダカ）にも八三年から参戦した。パリダカは比較的歴史が浅く、第一回大会は七八年末から年をまたいで開かれた。パリを出発し、バルセロナからアフリカ大陸に渡ってセネガルの首都ダカールを目指した競技である。一万二〇〇〇キロ近い行程のほとんどは未舗装路、砂漠という、非常に過酷なレースである。一日当たり一〇〇〇キロ（高速道路で東京・門司港に相当）近く走破する、かなりのスプリント・レースでもある。パリダカ優勝は、その車の信頼性と「公務執行能力」（各コラムを参照のこと）の証明になるため、各社がこぞってチャレンジした。初回の優勝は、レンジローバーとヤマハXT500だった。

パリダカには、プジョー、ルノー、VW、ベンツ、ポルシェに加え、ロールス・ロイス、果ては東側からラーダまでも出走している。三菱は八三年に初参戦した後、八四年にパジェロが三位に入賞、そして八五年に初優勝を果たした。同年は二位もパジェロ、三位にトヨタ・ラン

三菱パジェロ

ドクルーザーが入賞した。パジェロは八六年に三位入賞した後、八七年も篠塚建次郎が運転して三位、翌年二位に輝いた。篠塚の、また日本人ドライバーとしての悲願の初優勝は、ダカール・ラリーとして行われた九七年だ。

パリダカの過酷さは、単なる自動車レースの範疇《はんちゅう》を大きく超えていた。競技車両の盗難被害、盗賊やテロ組織の襲撃、紛争地帯の地雷を踏んで乗員が焼死するなど、枚挙にいとまがない。地元住民を巻き込んだ人身事故も少なくなく、開催地はその後、テロの脅迫を受けて二〇〇九年にアフリカ大陸から南米に移り、二〇二〇年からはサウジアラビアで開催されている。

第四章　グローバル市場の誕生
――台頭する新興国と日本の「衰退」

世界一になった日本

かつて総理大臣をつとめた宮澤喜一（九一年一一月～九三年八月）は、「日本人は自分の体に合わせて服を作るのは下手。だけど用意された服に体を合わせるのはうまい」と分析した。自動車をめぐる冷戦期の国際競争は、後者であろう。日本はアメリカとの二国間同盟に属し、そのアメリカとNATOを介して西欧諸国と共に西側世界に属した。昭和・冷戦の時代は、いいモノを愚直に作り続ければ必ずいつかは認めてもらえる、昨日よりも明日の方が豊かになる「幸せな時代」だった。宮澤は、一九五五年以来続いた自民党単独政権（五五年体制）の最後の総理である。

冷戦期の日本は、西側諸国に限定された国際市場のなかで、貿易協定や環境規制が急に大きく変わらない、見通しの立てやすい安定した輸出環境で競争に没頭できた。日本叩きが横行したとはいえ、「ガイアツ」にうまく適応し、したたかに儲け、アメリカを抜いて世界一の自動車大国、世界一の経済大国にのし上がった。日本の自動車生産のピークは、九〇年の年産一三四八万六〇〇〇台であり、この国内記録は今も破られていない。

しかし冷戦が終わると同時に、日本は自動車生産台数の頂上から滑り落ちはじめた。「自分の好みで自由に服を作る」グローバルな競争がはじまったのである。

九一年、国内の新車登録台数が一〇年ぶりに前年割れし、交通事故の死者数も六年ぶりに減少した。翌九二年、国内生産台数は石油危機以来の大きな落ち込みを経験する一方、アメリカでの日本車生産が急増した。四年連続で国内生産台数が減少した後、九四年、日本はアメリカに自動車生産台数で抜かれ、世界二位に転落した。翌九五年一月には阪神・淡路大震災、三月に地下鉄サリン（テロ）事件が起き、多難な平成時代の幕開けを予感させた。以降、国内生産台数は減少傾向をたどり、「栄光の昭和の時代」は過去のものになっていった。

グローバルな市場の誕生とロシアのT1国陥落

冷戦終結と共に、市場経済を否定してきた東側の国々が、こぞって自由経済に仲間入りした。北朝鮮や紛争地帯を除き、ほとんどの国がグローバル経済に組み込まれ、グローバル市場が出現した。そして世界的に競争が激化した自動車産業は、未曽有のグローバルな再編劇に突入していく。

冷戦終結の打撃が最も大きかったのが兵器産業だった一方、恩恵が大きかったセクターの一つが、すでにT1国入りを果たした西側諸国の自動車産業だ。冷戦が終わると、各地で民族紛争が勃発するようになった。米ソが冷戦の終結を宣言してから八カ月後の九〇年八月、独裁者フセイン率いるイラクが隣国クウェートに突如侵攻し、併合を宣言した。一一月、国連安保理は創設以来初めて、米ソがどちらも拒否権を行使することなく、イラクの即時撤退を求める決議を採択した。米ジョージ・H・W・ブッシュ大統領は米軍の派兵を決め、アメリカを中心とする多国籍軍がクウェートに派兵され、陸戦はわずか四日ほどで決着した。

民族紛争で使われる兵器は、小銃や爆薬、ロケット砲など、冷戦期の長距離核兵器よりもはるかに小さく安いものであり、兵器産業の利益は大きく落ちた。こうした歴史の大きな変化の影響を最も受けたのが、兵器、軍用車、石油・ガス輸出に重く依存したソ連・ロシアだった。ラーダ1200など、アフトヴァースの自動車が中東欧諸国で「売れた」のは、ソ連がアメリカと肩を並べる真のT1国だったからではなく、コメコン内でソ連が強制した生産割当と、物々交換で（非多角）決済された貿易のおかげだった。ソ連は、いわば疑似T1国だった。「ロシアの輸出市場」は、たちまち独仏伊メーカーの草刈り場になった。そして瞬く間に、跡形もなく奪われた。冷戦終結は、西側のT1国を利した。

中・東欧の名門、T2国に陥落

怒濤のごとく旧東側諸国に押し寄せる自由化のどさくさのなか、名門シュコダを擁するチェコスロバキアは、東側のT1国からT2国に滑り落ちていた。わざわざおカネを払って冷戦時代の時代遅れの車を新車で買うよりも、旧西側から流通する「憧れのブランド」の中古車を買う方が、断然スマートだった。手放される旧東側の車は、格安中古車として途上国へ流通することはあっても、欧州内で流通する選択肢は消えてしまった。新車が売れず、既存オーナーの車のアフターケアだけが手元に残っては、東欧のメーカーは大赤字になる。

五九年に登場したシュコダ・オクタヴィアは、東欧の標準的な大衆車として七一年まで生産され、一時期アイルランドでも生産されていた。エンジンと変速機は、ニュージーランドで設計・生産されたほとんど唯一の車であるTrekka《トレッカ》に供給された。一時的とはいえ、チェコは西側基準の準T1国として通用したのであり、同盟の盟主ソ連をも超えていた。

その後、オクタヴィアは1000MBの後継車、シュコダ1000や120にバトンタッチし、八七年にファヴォリットが登場した。ファヴォリットはシュコダ初のFF車で、ようやく日米欧の（六〇年代の）大衆車の標準に追いついた。九五年まで生産され、中・東欧では人気を博したが、後継のフェリシアはVWとの共同開発となった。

ルーマニアといえば、独裁者チャウシェスクが民主革命の最中、夫婦そろって兵士に銃殺処刑された、冷戦終結を象徴する場面として記憶している方も多いことだろう。ルーマニアのダチアはルノー車のライセンス生産を続ける一方、八〇年代に入ってからは独自開発にも努めていた。しかし冷戦終結後は業績が悪化し、九九年にルノーに買収された。

グローバル市場と東南アジア諸国

自由化と民主化が同時に訪れた欧州とは異なり、どちらも抑え込んだ中国は、全く異なる道筋を歩んだ。ＡＳＥＡＮ（東南アジア諸国連合）の下で早くから日系メーカーと関係が深かった東南アジア諸国は、中国とも異なる発展を経験した。

ＡＳＥＡＮの創設は一九六七年の「バンコク宣言」まで遡り、インドネシア、マレーシア、タイ、フィリピン、シンガポールが参加して発足した。その後、八四年にブルネイ、九五年にベトナム、九七年にラオスとミャンマー、九九年にカンボジアが加盟し、一〇カ国となった。ＡＳＥＡＮはＥＣ・ＥＵのような強制力を持たず、加盟国相互の貿易を促進し、外交、安全保障、教育、社会文化などの領域で政府間協力を進めてきた。

ＡＳＥＡＮでは発足当初、日系メーカー、特にトヨタと三菱（追ってホンダ、日産）に供給する部品の生産を加盟国間で分担しようとした。全ての加盟国が全ての部品を競って開発しても効率が悪いため、域内で手分けをして共通の部品を生産し、規模のメリットを享受しようとした。しかし皆、エンジンや変速機などの重要部品を選ぼうとした。結局、当初は避けるべきとされた、皆が同時にほとんどの部品を競って開発する状況に陥った。部品の国産化にこだわるあまり輸入関税が高く保たれ、完成車の値段は（低い物価の割りには）高かった。このなかからASEAN筆頭に成長したタイと、独自ブランドを育てたマレーシアに触れたい。

八〇年代のバブル景気に乗って各社がアメリカ工場を立ち上げるなか、小型車に特化したダイハツは独自路線を選択した。アメリカでは得意の小型車に商機がない、と見たダイハツは、アジア諸国での市場開拓を選んだ。産油国マレーシアには三菱の支援を受けたプロトン（八五年）があったが、ダイハツは九三年に現地資本などとの合弁でプロドゥアを設立した。九四年にダイハツ・ミラをベースにカンチルが生産され、プロトンのラインアップと被らない小型車で手堅くデビューした。二〇〇〇年代に入ると、ダイハツ・ブーンをプロドゥア・マイヴィとして送り出し、〇四年からトヨタの小型ミニバン、アバンザ／ダイハツ・セニアを生産し、〇五年以降はプロトンを抜いて同国の最大手に成長した。

日系メーカーがASEAN内の分業の中心に据えたタイでは九六年、トヨタがカローラ級の現地向け専用車、ソルーナを投入した。ホンダも同年、シビックのセダンの改良／コストダウン版であるシティを投入した。シティといえば八〇年代、ターボとホンダ初の電子制御燃料噴射で武装した国内向けのシティ・ターボを思い出す方もいるだろう。ハンドルを折りたたんでシティの荷室に積める原付のモトコンポと共に一世を風靡《ふうび》したが、両車は別物である。

ソルーナとシティはASEAN向けの専用車と期待されたが、翌九七年に襲ったのが、アジア通貨危機だった。ASEAN諸国はグローバルな市場に組み入れられた途端に、その洗礼を受けた。そして危機からゆるやかに回復する二〇〇〇年代初盤、後発の中国が一気に抜き去っていった。

日本車の天下

バブル経済の余韻がまだ残る頃、国際レースの舞台で自動車史に残る偉業を達成したのが、マツダだった。マツダは九一年六月、ル・マン二四時間耐久レースで日本車初、ロータリー・エンジン世界初の総合優勝を果たした。ル・マンで日本車初完走を果たしたのも、八二年のマツダRX－7〝254〟だ。マツダがル・マンに初挑戦した七九年以来、一二年越しの悲願が九一年に達成された。常連のジャガーXJR12、ポルシェ962、ベンツC11などを二周分の周回遅れにして、チェッカー・フラッグを受けた。

そもそもマツダは競技規則が変わるため、前年の九〇年に参戦を終えるはずだった。これが一年延期されたため、九一年に背水の陣で挑んでいた。787Bの優勝は、レシプロエンジン以外のエンジンが優勝した初めて、かつ唯一の例となり、日系メーカーの初優勝であると同時に、カーボン（炭素繊維）製のブレーキ搭載車が優勝した初めてのレースとなり、「初めて」尽くしだった。次に日本車がル・マンを制するのは、二〇一八年のトヨタTS050ハイブリッドである。

八〇年代から九〇年代にかけ、三菱パジェロがラリーの世界で活躍したことにはすでに触れた。トヨタ・セリカも九二年から九四年にかけてWRCのタイトルを獲得した。これに待ったをかけたのが、九五年、ドライバーズ・タイトルとマニュファクチャラーズ・タイトルをスバルにもたらしたインプレッサ555である。スコットランド人コリン・マクレーが駆る555は八戦中、優勝二回、二位二回、三位一回と安定して速かった。二〇〇〇年にリチャード・バーンズとロバート・リードが駆った車体は、オークションで八六万五〇〇〇ドル（約九五〇〇万円）で落札されるほど人気だ。

インプレッサは九二年、レガシィの車体が大きくなったため、レガシィの高出力エンジンを軽量・小型化した車体に詰め込んで誕生した。コンパクトな車体に強力なエンジンを積んだ初代インプレッサは八年にわたって売れた。優れたパッケージのインプレッサは、三菱と熾烈なWRCタイトル争いを演じることになった。

すでに紹介したように、三菱ランサーは七〇年代にラリーで活躍していた。そのランサーの車体に、一つ格上のギャランVR-4の強力なエンジンを積んで九二年に登場したのが、ランサー・エボリューション（ランエボ）である。ラリーの出走資格を獲得するために限定生産され、宣伝もされなかったが、あっと言う間に完売した。好評を博したため、九四年にはランエボⅡが発売され、九五年にⅢ、九六年にⅣが登場し、性能を磨き続けた。フィンランド人トミ・マキネンは歴代ランエボを駆り、九六年から九九年まで連覇を果たした。九八年にはランエボⅤがダブル・タイトルを勝ち取った。翌年にはトヨタ・カローラWRCがタイトルを取り、以降WRCは仏プジョー206、シトロエン・クサラの独壇場になっていった。

栄光の裏で、母国日本はバブル崩壊後の「失われた一〇年」に突入した。山一證券や日本長期信用銀行の廃業など、それまで不沈艦と思われた大企業が姿を消した。銀行の不良債権処理に追われ、経済成長率は地に落ち、就職氷河期と呼ばれる時代になった。

息を吹き返す古豪イギリス

世界各国の自動車業界をグローバルな再編劇が襲うなか、一九六〇年代以来の不振にあえぎ続けたイギリスに、復活の兆しが見えはじめた。イギリスの活力を象徴するのは、ロールス・ロイスなど歴史の古いメーカーに加え、尖ったスタートアップのような、最先端の少量生産メーカーである。

マクラーレンがホンダをパートナーに選び、F1の常勝軍団になったことはすでに紹介した。創業者、故ブルース・マクラーレンの夢は、そんな最先端の技術を惜しげもなく公道用の車に注ぎ込んだモデルを世に出すことだった。

彼の遺志を引き継ぎ、初めて実現したのが、九二年に登場したマクラーレンF1である。車名は、F1で培った技術がこの車に遺憾なく反映されていることに加え、様々な競技規則に縛られた当時のF1マシンよりも速いことを意味していた。九八年に生産が終了するまでわずか一〇六台（市販は六四台）しか生産されず、無類の車好きで知られる俳優ローワン・アトキンソンもかつてオーナーだった。

マクラーレンF1は、それまで公道用に売られてきたスーパーカーとは様々な面で違っていた。ゴードン・マレーの指揮下、車体は自社製のカーボン（炭素繊維）で作られ、乗車定員は三名、運転席は車体の中央に位置し、その斜め両脇に後席シートが配された。当然ながら左右の重量配分はレース専用車両に近い、理想値になる。エンジンは独BMWから供給された試作品のV12エンジンだったが、マレーは当初、ホンダからのエンジン供給を求め、NSXの「乗りやすさ」を開発のベンチマークにしていた。自身も一台購入し、走行距離は七万五〇〇〇キロ近くに達したと言われている。

マクラーレンF1

マクラーレンF1は買った状態そのままで時速三八六キロ（ギネス記録）出る怪物で、九五年のル・マン二四時間耐久レースにデビューし、いきなり総合優勝を果たした。三名のドライバーの一人は関谷正徳《まさのり》であり、日本人ドライバー初の総合優勝となった。市販車の最高速度記録は毎年のように塗り替えられるのが常だが、マクラーレンF1が叩き出した記録は、その後一〇年近く破られなかった。二〇二一年現在も、非ターボ車（自然吸気エンジン車）最速の称号を維持している。そしてスーパーカーのなかでも性能や価格などが全て飛びぬけた車を、ハイパーカーと呼ぶようになった。

伝統のブランド、ロールス・ロイスとベントレーも、それぞれBMWとVWからエンジン供給を受けるようになり、見違えるように復活した。それまでエンジンに掛けていた膨大な開発費を、得意分野である内装や外装に惜しげもなく投じることができるようになった。

初代が一九二五年に登場し、一九九〇年に一度途絶えた旗艦ファントムは、二〇〇三年に登場した七代目が新生ロールス・ロイスの第一号車となった。先代のファントムⅥが六八年以降、三七四台しか生産されなかったのに対し、Ⅶ（七代目）は二〇一七年に生産を終えるまで一万台以上生産され、『インディ・ジョーンズ』や『シンドラーのリスト』の監督スティーブン・スピルバーグや、日本では北野武、志村けんなど、セレブリティが乗る車と認知されている。

イギリスは、大衆車を自前で開発して売る時代に低迷を極め、T1国陥落の危機に瀕したが、個性やキャラ、「圧倒的な何か」を少量受注生産する時代になり、強みを発揮して復活した。F1のチームの多くもイギリスに開発拠点を置いている。課題はもちろん、大衆車を作って大量に売るよりも、地方経済への波及効果が小さいことである。皆が皆、一流の職人になれるわけではないからだ。大衆車の生産を日産・ルノーやトヨタのような外資に（全面的に）頼る是非も含め、イギリスを依然T1国と呼べるのか疑問もあるが、準T1国に必須の最先端分野を分厚く擁するため、T2国陥落は、当分ないと言えよう。

独仏スタートアップと老舗のコラボ

ブガッティといえば、仏アルザス地方に陣取る老舗である。創業一九〇九年、アルザスはドイツ領であり、その後フランス領となるが、国際関係に翻弄された同社の歩みを象徴している。戦前は国際レースで並み居るドイツ勢に真っ向から対抗した。創業者のエットーレ・ブガッティは、戦前は路面電車や競技用の航空機も製作した。しかし第二次大戦の戦火で工場は壊滅し、失意のうちに他界した。

休眠状態だった老舗は、九一年に登場したスーパーカー、EB110によって(イタリアの会社として)復活した。数々のスーパーカーをはじめ、イタリアを走る特急ユーロスターも手掛けたカロッツェリア(自動車製造工房)、ピニンファリーナがデザインを請け負った。わずか一〇〇台ほどしか生産されなかったが、最高時速三四〇キロを誇り、車体色は戦前以来の伝統、スカイブルーである。

フランスは戦後、航空機、戦闘機の分野で、アメリカに依存しない独自のポジションを獲得してきた。欧州一円や途上国で売れるミラージュ戦闘機、最近ではラファールが有名である。その一方、自動車、特にスーパーカーに割くリソースが手薄になっていた。ルノーのように自動車メーカーが国有化されたお国柄も影響した。しかし冷戦が終結すると、そのような過去のしがらみは消えていった。そして「偉大なるフランス」的な一国主義も、後景に退いた。ブガッティは九八年、独VWの傘下に迎え入れられて独仏連合となり、本拠地をアルザスに戻した。

宿敵アウディとの同盟など、戦前には考えられない組み合わせである。

名門ブガッティを迎えたVWも、冷戦後の（一人）好景気に浮かれて高い買い物をしたわけではなかった。最高ブランドとして羽ばたかせるため、VW渾身の最高峰W16エンジンをブガッティに供給した。これにターボを四基備え、最高出力が一〇〇〇馬力を突破した鬼、ヴェイロンが二〇〇五年に登場した。従来のタイヤでは耐えられないため、仏ミシュランが専用の強化タイヤを開発せざるをえなかった。その甲斐《かい》あって、独仏枢軸の賜物であるヴェイロンは、市販車で初めて時速四〇〇キロの壁を突破した（普段はタイヤを保護するため、時速三〇〇キロで速度リミッターが介入する）。

ブガッティ・ヴェイロン

EVスタートアップの下剋上

ブガッティが復活を遂げた同じ頃、自由化と民主化が訪れ、ユーゴスラビア解体で独立国となったクロアチア（九一年六月独立）で、後にEVに革命を起こす男が幼少期を過ごしていた。マテ・リマックである。やや年代が前後するが、EVの成功譚をここで紹介しておこう。

マテは一九歳のとき、壊れた二〇年落ちのマイカー、BMW

3シリーズをEVとして復活させ、これをそのまま稼業にしてしまった。そして二〇〇九年、二一歳の若さでリマックを創業する。日本では馴染みの薄いEVスタートアップである。e－M3と名付けられた初号機は時速一〇〇キロに三・三秒で到達、最高時速は二八〇キロに達した。

これでも十分速いのだが、非凡なマテはe－M3の出来栄えに満足せず、自分たちの手で一から開発した方が、市場のどの車よりも圧倒的な性能を手に入れることができる、とEVの素性を見抜いた。彼の下には、伊ピニンファリーナや、車の組み立てを請け負うオーストリアのマグナ・シュタイヤー社などから、エンジニアやデザイナーが集まった。こうして二〇一一年に発表され、八台ほど生産されたのが、デビューと同時に最速EVとなったコンセプト・ワンである。バッテリー内のセルこそソニー製だが、ほとんどの部品は内製である。

モーター四基がそれぞれのタイヤを駆動し、合計で一三〇〇馬力を超える出力により、コンセプト・ワンは圧倒的な性能を獲得した。時速一〇〇キロにわずか二・六秒で達し、最高速度は三五〇キロ。この豪速にもかかわらず（丁寧に走れば）六〇〇キロほどの航続距離を誇った。二〇一八年に登場した後継のネヴェーラはさらに性能が向上し、一九〇〇馬力超、時速一〇〇キロ到達が一・八秒強、最高時速は四一五キロに達し、もはや第二次大戦初期の戦闘機のレベルである。クロアチアはT3国から、準T1国にジャンプアップした。

ドイツを代表するスポーツカー・ブランド、ポルシェに加え、韓国の現代自動車もリマックに出資し、ポルシェはその後、出資比率を順次上げていった。起業時から融資したクロアチア政府金融に加え、EUの投資銀行EIBも加勢している。リマックはエキセントリックなEVだけではなく、EV用のバッテリーも生産・供給しており、ヨーロッパを代表するスタートアップの成功例になった。

そして二〇二一年一一月、ポルシェと親会社VWの意向を受け、ブガッティ・リマックが誕生した。老舗ブガッティの三倍の従業員をかかえるまでに急成長したリマックが、ブガッティ・ブランドのオーナーであるVWから、老舗の将来を任されたのである。こうして、「EVならば旧来（エンジン車）メーカーを一飛びに追い抜ける」というシンデレラ・ストーリーが、世間の都市伝説を脱し、現実となった。

途絶えた旗艦の血統

話を九〇年代に戻そう。当時、エンジン車メーカーが直面していたのは、過酷な現実だった。ル・マン二四時間耐久レースで栄冠に輝いたマツダだが、バブル期に国内の販売チャネルを大幅拡大したため、バブル崩壊後に苦境に陥った。フォードから役員を迎え入れ、立て直しを図った。アジア戦略が手薄だったフォードはマツダを頼り、九六年にマツダへの出資比率を引き上げ、ヘンリー・ウォーレスをマツダの社長に据えた。日系メーカーで初めて、日本人ではない社長が誕生した瞬間だった。創業家一家の鶴の一声で物事が決まるフォードゆえ、RX-7

をはじめ、ロータリー・エンジンが打ち切りになるのでは、とざわついた。

それは一部、現実となった。ローター三基のエンジンを搭載したマツダの旗艦、コスモである。九〇年に登場した四代目は、国内自主規制値の二八〇馬力を優に上回る実力を備え、ロータリーらしい滑らかな加速が魅力だったが、燃費はスーパーカー並みに悪かった。バブル経済の熱気を色濃く残した車だったが、九六年に販売が終了した。旗艦らしく、コスモには三菱とマツダが共同開発した世界初のGPSナビが装備されていた。

その三菱は、九二年から三代目デボネアが旗艦となった。GPSナビの他、国産車で初めて前走車と自動的に車間を保つ自動制御（ACC：アダプティブ・クルーズ・コントロール）を備え、センサーが路面を検知して足回りの柔らかさを自動調整するなど、いまとなっては当たり前となっている、当時の最先端の技術がてんこ盛りだった。なぜ三菱はこのような先駆性をもっとうまく世間にアピールできなかったのか。不思議である。

デボネアは九九年に後継にバトンタッチし、ディグニティは秋篠宮家の公用車となり、プラウディアは韓国の現代自動車の売れ筋OEM車種となった。その後、旗艦たちは日産シーマのOEMとなっていった。後述するが、その日産もほどなく再編の波に呑まれていく。三菱も、ボルボやベンツとの提携交渉で迷走した。クライスラーとの関係が薄れると同時に、三菱は受難の時代に突入していき、一時期は国内三位を占めながら、じりじりと後退した。

八八年にクライスラーとの合弁で開設したイリノイ州の工場は、九一年に業績不振のクライスラーが合弁会社の株を全て三菱自工に売却した。ほどなく、女性従業員二六名がセクハラに加え、女性ゆえに管理職や営業に登用されないことを差別として訴えた。女性団体や公民権運動は三菱車のボイコット運動を展開、九七年八月に和解が成立した。三菱は二七名の女性に対して九五〇万ドル、当時のレートで一〇億円以上の和解金を払うことになった。同時期には、自動車以外の日系企業もこうした訴訟を抱え、性差別是正、セクハラ防止、マイノリティーの雇用促進などの取り組みを強化するきっかけとなった。

GATTからWTOへ

冷戦が終結し、中国やロシアのような旧東側の大国までもが国際（自由）貿易の舞台に登壇するようになり、これを管理する国際機関も姿を変えた。

冷戦中は主に先進国間の関税撤廃、非関税障壁の低減を推進し続けたGATTは、九五年一月からWTO（世界貿易機関）になった。それまでは国際機関ではなく、貿易に関わる交渉ラウンドの事務局という、暫定的な組織だった。これが正式な国際機関となり、事務局長を一六四の加盟国（二〇二二年現在）から選出し、二〇〇一年からドーハ・ラウンドを開催した。

GATTはそれまでモノの貿易の自由化を主に進め、WTOはサービスの自由化、知的財産権の保護、農業市場の開放などにも取り組むようになったが、二〇一一年にラウンドは一旦断念されている。

日本とEC（九三年から欧州連合、EU）はWTOの発足に先立ち、九一年から九九年まで日本車の対EU輸出をモニタリングした。通産省はEUの行政府である欧州委員会と共同で日本車のメーカー別輸出台数を仕向け国ごとに数え、次年度の輸出割り当てを話し合いで決めた。これは輸出カルテルにあたるため、日本とEUはこの合意をGATT・WTOに通報し、時限付の例外措置として公式に認められた。実際はEU単一市場の不景気のため、日本車が洪水のように押し寄せることはなく、九〇年代をとおして売れ行きが伸び悩んだ。

日本車に対する風当たりは、アメリカでも激しさを増した。九三年に民主党から大統領に就任したビル・クリントンは、日本製高級車に対する関税を一〇〇%に吊り上げると脅した。同じ車の値段が二倍に跳ね上がったら、売れるわけがない。日本に味方し、WTOによる公正な決着を強力に支持したのは、EUだった。EU諸国もアメリカから同様の圧力を受ける危険を察知し、日本に味方したのである。ところが九五年六月、日本はWTO仲裁ではなく、日米二国間で自動車合意に達した。

WTO下のドーハ・ラウンドが期待した成果を生まずに停滞し、他方で対日関係のように二国間で事態が進展するのを見て、アメリカはWTOを軽視しはじめた。そしてTPP（環太平洋パートナーシップ）のように複数国をラウンド外で集めて自由貿易協定を締結する、独自の政策をとりはじめた。

この時期の日米の迷走ぶりを象徴するのが、シボレー・キャバリエである。本国では一〇年以上売れ続けた人気車種シボレー・キャバリエは、右ハンドルに改修され、九六年からトヨタが国内で「最恵国待遇」で販売した。「理想の上司」で何度も一位にランクインし、アメ車通としても一目置かれる所ジョージをCMに起用した。だが、「楽ちんキャバリエ」と明るく歌っても、愛犬と共演しても、全く人気が出なかった。「アメ車」が日本で売れないのはなぜなのか。アメリカ側からは、日本の消費者のナショナリスティックな性向が強いから、との声が聞かれるが、それだけのせいとは思えない。

Jリーグ開幕とガラパゴスの希少種

バブルの熱気が未だ残る一九九三年、サッカーJリーグが開幕した。それまで唯一地上波で放映されるプロ・スポーツとして君臨した大相撲と野球に加え、初めて他の選択肢が登場した。以降、バレーボール、バスケットボールが続き、さらに選択肢が増えた。

九三年のJリーグ開幕一〇チームのうち、横浜マリノス（日産、合併前の横浜フリューゲルスはANA）、サンフレッチェ広島（マツダ）、ジェフユナイテッド市原（古河電気工業）、鹿島アントラーズ（住友金属工業、そして人的にホンダからの移籍組多数）、名古屋グランパスエイト（トヨタ）、ガンバ大阪（松下電器産業、現パナソニック）、浦和レッドダイヤモンズ（三菱）と、自動車メーカーとサプライヤーの大量参戦となった。

そうした変化を求めるムードが自動車業界をも包むなか、変わらぬ「良さ」を堅持するジャ

ダイハツ・コペン

ンルもあった。軽自動車である。二一世紀に入り、米欧から「非関税障壁」として名指しで廃止を求められている、日本独自の優遇規格だ。

　米欧でのクラッシュテストの成績は微妙だが、軽のスポーツカーは世界中の物好きから注目される。八九年が国産車ビンテージ・イヤーならば、九一年は軽スポーツのビンテージ・イヤーである。同年に二人乗りのスズキ・カプチーノとホンダ・ビートが登場した。どちらも馬力自主規制値一杯の六四馬力を発生し、七〇〇キロ前後という驚異的な軽さと極小な車体により、運転する楽しさは、何百馬力もの出力を持て余すスポーツカーよりも地に足がついていた。

　翌年に登場したマツダAZ-1は、ガルウィング・ドアを採用し、ついにスーパーカーと同じアイテムが軽にも降臨した。ガルウィング・ドアを採用しているにもかかわらず、車重は七〇〇キロほどに抑えられ、スズキ・アルトワークスの高出力エンジンを搭載し、愛嬌のある顔からは想像できないほど速かった。

　バブル景気の余韻が贅沢に盛り込まれたこのABCトリオは、景気後退と排ガス規制強化のダブルパンチに勝てず、二一世紀を迎える前に生産が終了し、短命だった。すれ違うように登壇したのが、二〇〇二年のダイハツ・コペンである。軽のオープンカー（K-open）、コペンと名付けられ、自主規制上限の六四馬力を発生しつつも、この四台のなかで唯一、登場と同時にオートマ（AT）を選べる親切な売り方だった。

この頃から、日本の多くのユーザーがマニュアル変速ではなくオートマを選ぶようになった。自動変速機の技術的な進化もさることながら、女性ドライバーの増加、女性総合職人口の増加など、バブル後の社会的、経済的な変化が背景にあった。共働き世帯の割合が専業主婦を上回ったのは、九〇年代に入ってからである。

F1日本勢の後退とイタリア人気――「皇帝」ミハエル・シューマッハとフェラーリ

日本でガラパゴスな文化が温存された一方、日本人の海外への興味関心はバブル崩壊と関係なく継続した。日本勢が撤退した後のF1は、長くチャンピオンに君臨したミハエル・シューマッハとフェラーリの栄冠が焦点となり、日本で人気が続いた。

ミハエル・シューマッハ（愛称シューミー）はドイツ人初のF1ドライバーズ・チャンピオンであり、近年イギリス人のルイス・ハミルトンに破られるまで、最多優勝など多くの記録を作った。シューミーが初めて年間タイトルを勝ち取ったのは、セナが事故死するなど、何かと荒れた九四年である。プライベート・ジャンボ旅客機を所有するなど、彼は最も稼いだアスリートの一人だったが、決して裕福な家庭に育ったわけではない。幼少期から父親の友人の伝手《つて》でカートに乗り、他のチームが捨てた使い古しのタイヤを拾って使うなど、いまから見ればエコな苦労人である。おかげで人一倍、レース中の運転が丁寧・繊細でタイヤを労《いた》わる走りだった。

シューマッハを表彰台の常連にしたフェラーリの親会社は、フィアットである。この「フランスはシトロエンを持っているが、フィアットはイタリアを持っている」とまで揶揄される巨大複合企業の歴史を見てみよう。

フィアットは創業家のアニェッリ一族が経営を握る、陸海空の全てに跨《また》がる巨大メーカーである。一八九九年の創業で、一九〇八年に初めて航空機エンジンの開発に成功すると同時に、自動車の北米輸出もはじめ、たちまちイタリア最大の自動車メーカーになった。両大戦では航空機、小銃、トラックをはじめ、何でも作った。そして戦間期、国内自動車市場の八割をフィアットが占めた。

戦前・戦中は独裁者ムッソリーニに協力したため、第二次大戦後、アニェッリ一族は六〇年代まで経営から追放された。六六年に一族が経営に復帰すると、アルファ・ロメオをはじめ、イタリア・ブランドを片っ端から買収しはじめ、ランボルギーニなどの例外を除き、再びほぼ独占状態となった。

なぜ日本人がフェラーリ含むフィアット車をチヤホヤしたのか。フランスも日本車の締め出しに熱心だったが、アニェッリ一族はイタリア政府のみならず、EC・EUの首都ブリュッセルでも絶大な影響力を誇り、いわばＥＣ・ＥＵから日本車を締め出そうとした張本人である。しかも故障が多い。口さがないイギリス人などは、「ＦＩＡＴ《フィアット》とは、もう一度修理してくれ、整備士のトミー君（Fix It Again Tommy）の略称」と嫌味を言う。その対極として世界的に名声を得た「壊れない」日本車だったのだが、それでもなお惹きつけられる魔力が「イタ車」にはあるようだ。

ＶＷグループの大拡大

フィアットによる独占を「度が過ぎる」と評するのは、木を見て森を見ない物言いであろう。それは所詮、イタリア国内の話だからだ。対してドイツのＶＷは、欧州一円に手を出した。

長く西ドイツの国民車、ビートルとゴルフを作り続けてきたＶＷは、冷戦中は中・東欧諸国に少量輸出するだけで、フィアットやルノーのように現地工場を建設するほど積極的ではなかった。これが冷戦終結と同時に、大きく積極攻勢に転じるのである。戦前の経済的なつながりを回復するがごとく、欧州各国のブランドを買収しはじめた。ちょうどこの頃、旧ユーゴスラビア崩壊に伴う内戦が勃発し、統一ドイツは域外に派兵するべきかどうか、「抑制の利いた戦後外交」を脱して「普通の国」になるのか、熱く議論された時期だった。自動車の世界では、普通の国どころか、普通に帝国である。

ＶＷは手始めに、七五年にフランコ将軍の独裁が終わったスペインに目をつけた。セアトは戦後まもない一九五〇年、伊フィアットの支援を得て国有企業として創業した。主に国内向けの供給だったため、T2国である。六五年に初めてコロンビアへの輸出を実現するが、すでに登場から一〇年も経っているフィアット600と大きく変わらないセアト600を売ったところで、成果は乏しかった。輸出拡大のためには、創業時にフィアットと結んだ「不平等条約」を撤廃に追い込まなければならなかったが、独裁者にも国有企業幹部にも、そのような気概はなかった。

セアトにとって大きな転機は、八六年、スペインのEC加盟である。民主化以降、スペインはEC域内のT1国から「ダンピング（不当廉売）輸出」を懸念されていた。他方、自国メーカーがないEC加盟国の消費者は、スペインの加盟とセアト車の輸入を歓迎した。そんな状況を、VWが黙って見ているわけがなかった。ECに加盟した同年、セアトはVWに買収された。そして以降、着々と内外でシェアを拡大した。聞こえはいいが、イタリア支配からドイツ支配に切り替わっただけ、とも言える。

一九九二年といえば、バルセロナ五輪を記憶している人が多いことだろう。翌九三年はECがEUに生まれ変わった年でもあり、欧州全体が節目を迎えた年だった。同年、VWポロの車体とエンジンを流用した、セアト・イビサ（二代目）が登場した。そもそも八四年に登場した初代イビサがVWとの提携のはじまりだったし、二代目が登場した九三年、VWはセアトの株の買収を終え、完全子会社にした。T2国、確定である。

ＶＷはセアトを傘下に収め、返す刀でチェコスロバキアが誇る古豪、シュコダを九一年に買収した。これを受け、シュコダは民営化された。米ビッグ３と西欧各社がシュコダを欲しがり、最後は仏ルノーとの一騎打ちになっていた。シュコダを売却するチェコ政府がルノー側を、自主開発の余地を残してくれるＶＷ側を現地労組が推し、後者に決着した。旧東側のＴ１国の意地で、シュコダの方がセアトよりも少し長く抵抗したが、結局、独自車の開発・生産はほどなく終了した。九九年、ポロ（四代目）とイビサ（二代目）の姉妹車、シュコダ・ファビアが登場した。

セアト・イビサ

シュコダ・ファビア

「大衆車」とはいいながら、途上国では高級車に分類されてしまうゴルフやポロを、ＶＷはもっと安く売る必要があった。そのために格安な大衆車ブランドを傘下にそろえ、各社にＶＷの車体とエンジンを供給し、独自のアレンジを加えさせ、お買い得な「別ブランド」として売らせた。セアトは情熱的なスポーツ・テイストを得意とし、欧州各国のツーリングカー選手権の常連となり、シュコダは手堅い（保守的な）デザインながら、グループの最廉価ブランドを受け持った。巨大グループに成長したVWは、トヨタとグローバル首位を争うことになる。

冷戦終結直後の時期は、VWが日本戦略を拡張した時期でもあった。九一年に三河港を日本の上陸拠点として整備した。二〇一一年からは、通常は店舗で行われる納車前整備も港内施設で全て終えられるよう機能を拡張した。これにプジョー、ベンツ、クライスラー、ボルボ、フィアット、シトロエンが続く。地元自治体の特区指定も手伝い、三河港は九三年以降、輸入車台数日本一、輸出台数は名古屋港に次ぐ二位の港である。車雑誌に登場するVW車は、おおむね豊橋ナンバーだ。ただしT2国、VW傘下のセアト車とシュコダ車は、日本市場には来ない。

独伊枢軸

VWは志が高く、大衆車のラインアップを充実させて足場を固めた後、高級ブランド、スポーツ・ブランドも充実させた。フランスの老舗ブガッティについてはすでに紹介したが、これに飽き足りず、イタリアを代表するスーパーカー・ブランド、ランボルギーニを九九年に買収した。フィアットと関係が深いフェラーリではなく、財政難にあえぐ孤高の名門に「救いの手」を差し伸べた。

イタリア人は北部の（几帳面な）人間のことを「ドイツ人っぽい」などと軽口を叩くほど、

普段はドイツにいいイメージを持っていない。VWによるイタリア・ブランドの買い漁りに対して敵対的な空気にならなかったのは、ランボルギーニ買収時、独首相がVW監査役あがりのゲアハルト・シュレーダーであり、政治的な火消しが盤石だったからだろう。イタリア側も、EU発足後の一時的な好景気が長続きせず、背に腹は代えられなかった。

ランボルギーニ社の生い立ちを振り返ってみよう。フェラーリの創業者、エンツォ・フェラーリは第二次大戦前にアルファ・ロメオのレーシング・ドライバーを務め、地元のアルファ販売店の裕福なオーナーだった。対してフェルッチオ・ランボルギーニは、日本で言えばメカニックあがりの走り屋だった。大戦中にメカニックとして従軍したことで知識と技能を獲得、戦後、軍から安く払い下げられたトラック用エンジンを利用し、ガソリンではなく軽油で安く動くトラクターを開発・生産し、一挙に成功した。そんな彼がスポーツカーの開発に乗り出したのは、個人で買った（念願の）フェラーリを分解、その中身と乗り心地の「酷さ」に失望し、そこにビジネス・チャンスを見たからだと言われている。

九九年、VWによる買収の後に登場したのが、二〇〇三年のガヤルドである。それまでランボルギーニは、旗艦ディアブロや後継のムルシエラゴ以外生産しておらず、年間生産台数は二〇〇台から六〇〇台の間を不安定に行き来していた。当然、会社の収益も安定しなかった。ガヤルドはVW傘下のアウディR8の姉妹車であり、アライアンスが存分に活かされたおかげで、久々に旗艦より小さい「お手頃な」モデルの投入となった。その年の内に、年産一〇〇〇台の

ランボルギーニ・アヴェンタドール

大台に乗った。

勢いを得たランボルギーニは二〇一一年、満を持して旗艦をアヴェンタドールに託した。車体はカーボン、七〇〇馬力発生するV12エンジンの力を四駆で路面に伝え、最高時速は三五〇キロ超、時速一〇〇キロ到達は二・九秒の性能を誇り、世界各国の有名サッカー選手らが所有するハイパーカーの王道となった。これで同社は年産三〇〇〇台を超えた。

ランボルギーニは近年、SUVのウルスの加勢で年産九〇〇〇台に迫ろうとしている。アヴェンタドールの最終型と言われるSVJは七七〇馬力までパワーアップしたが、さしもの「闘牛」も、次世代は何らかの電動システムで武装することとなろう。年産一万台の大台に乗ると、EUの規制によりCO_2削減義務が課されるからだ。

米中蜜月、独中蜜月とスルーされる日本

欧州で大規模な再編が進むなか、アジア諸国でも再編が活発になった。なかでも中国の伸長は、現在の自動車産業を理解する上で重要である。

八五年、日本勢の先頭を切っていすゞが中国に進出し、エルフを生産したことはすでに紹介

した。当時の中国は、乗用車は重視されず、運輸・消防・治安・国防用のトラックが優先される、いわば戦時経済体制のような状況だった。そして国家政府が管理する、自由のない計画経済ゆえ、そもそも乗用車を開発・販売する大きな競争など起きようがなかった。この点は、冷戦中のソ連と似ている。こうした構造に変化が訪れ、乗用車の生産拡大とマイカー保有の解禁が徐々に実現したのが、九〇年代から二〇〇〇年代にかけてだった。これがちょうど、中国経済の飛躍的な拡大時期と重なるのである。そしてこの時期に中国を後押ししたのが、アメリカとドイツである。

米ビル・クリントン大統領は九八年六月に訪中し、江沢民国家主席と歓談、九日間も滞在した。そして同盟国日本には立ち寄らずに帰国した。日本バッシング（叩き）が吹き荒れたバブルの時代を経て、今度は日本パッシング（通過）が問題となった。その次は、日本ナッシング（無視）ではないか、と心配された。クリントン大統領は九三年の就任直後、宮澤総理と初めて会談した直後の会見で、「日本の貿易黒字削減の一番の方法は、円高」と、異例の円高ドル安「要求」を突きつけていた。九五年には一ドル七九円をつけ、超円高になった。

日本に対する厳しい物言いとは逆に、クリントンは九四年、人民元の切り下げを容認した。これにより、日本の輸出を押さえつける代わりに、中国の輸出に有利な環境を作った。米中蜜月の間、中国は急速に経済力を伸ばした。

中国を特別扱いしたのは、アメリカだけではない。独ＶＷも、中国自動車産業の離陸を決定

フォード・クラウンビクトリア

的にした。話は冷戦終結前の八二年に遡る。同年、ＶＷは上海汽車と（旧型の）サンタナを生産する合弁事業に合意した。コール首相が直々に北京を訪れ、鄧小平に直談判して決着した。中国市場を独占したＶＷにより、中国のタクシーの定番がサンタナとなった。映画『タクシー』の中国版が撮られるなら、サンタナが使用されるはずだ。ちなみに原作は地元フランスの白いプジョー４０６、ハリウッド・リメイク版『タクシーＮＹ』は、黄色いフォード・クラウンビクトリア（いわゆるイエローキャブ）である。なお、フォード・クラウンビクトリアは長くアメリカの警察車両の定番でもあり、パトカーを引退した車体を再利用・リメイクしてタクシー車両、イエローキャブに生まれ変わらせる。エコな仕組みである。

八〇年代、ＶＷの他に中国に進出したメーカーは、ＪＥＥＰを擁するＡＭＣとプジョーだった。広州プジョー工場は後にホンダに引き取られたが、ＪＥＥＰは第二次大戦中に日本軍と戦うためにライセンス生産され、八四年に北京ＪＥＥＰが設立され、現在も中国市場に根差している。その後、二〇〇〇年代に入り、上海産のＶＷサンタナは先進国の工場並みに年産二〇万台に達した。上海ＶＷはパサートも生産しはじめ、ちょうどこの頃、中国における自動車生産が、外資と各地方の民間メーカーの合弁に限って許されるようになった。いよいよT2国の中国が、離陸した瞬間だ。

一九九七年、アジア通貨危機と香港返還

中国が成長の端緒をつかみ、ASEAN諸国、なかでもタイとマレーシアがT2国として順調に成長しはじめた矢先に襲ったのが、九七年のアジア通貨危機である。七月にタイ・バーツが暴落、他のASEAN諸国に波及した。そして自動車産業の北米輸出が軌道に乗った韓国も波に沈み、IMFの支援をあおぐことになった。しわ寄せは、雇用が不安定化した若者に降りかかった。映画『パラサイト 半地下の家族』で描かれた世界である。

タイをはじめ、ASEAN諸国は、グローバルな投資資金を自国市場に呼び込み、九〇年頃には一〇%近い経済成長率を謳歌していた。成長できるうちはいいが、負の側面は、そうしたグローバルなおカネが少しのきっかけで一挙に引き揚げてしまい、瞬時にその国の経済を傾けてしまうことだ。大前研一は当時、世界を濁流のごとくさまよう四〇〇〇兆円を「ホームレス・マネー」と呼んだ。ASEAN諸国はこうしたおカネを短期で調達して自国通貨に変換、国内で長期の資金貸出を行っていたが、九七年七月、バーツが投げ売られ、外貨建てで短期に借りていたおカネの返済負担が大きく増加した。銀行も企業も、倒産が相次いだ。九八年一〇月、日本は新宮澤構想を発表し、アジア諸国の経済回復の支援を打ち出した。ASEAN諸国

と自動車産業を軸に一蓮托生だった日本は、ASEANを助ける以外になかった。

アジア通貨危機の結果、経済を外に開いて自由化したASEAN諸国と韓国が大損害を被り、海外はおろか、国内のおカネの動きすら規制していた中国が最も傷が浅くて済んだ。そして中国は機を逃さず、T2国としての基礎となる生産能力を強化した。

アジア通貨危機の原因の一端は、九七年に香港が中国に返還されたことによるグローバル・マネーの引き揚げにあると指摘する論者もいる。ここではその真偽には立ち入らないが、香港情勢の背景は確認しておこう。香港島は一八四〇年に勃発したアヘン戦争の結果、大英帝国に永久割譲され、六〇年に九龍半島が続き、清朝が日清戦争に敗れたのを機に、九八年、新界が九九年間租借（つまり九九年後に新界のみ返却）されることとなった。大戦中の一九四一年に日本に占領され、戦後はイギリスに戻され、アジア太平洋の金融の中心となり、中国に進出する西側企業の上陸地点になった。五〇年、中国を最初に承認した西側先進国は、イギリスだった。

紆余曲折を経て八四年、英中共同声明が両国より発出された。返還後は香港特別行政区となり、五〇年間は一国二制度が守られる、つまり自由も民主主義も尊重される、と約束された。サッチャー首相は当初、なぜ新界以外も返還しなければならないのか不満だったが、フォークランドで軍事力を使い切ってしまい、全島返還のために軍事介入も辞さないと公言する鄧小平に屈するしかなかった。最後の香港総督、クリストファー・パッテンが進めた民主改革は実らず、天安門事件を見て将来に不安を抱いた香港市民は失望した。天安門事件後に最初に北京を訪問した西側の首脳は、英メージャー首相だった。

雨が降る九七年六月三〇日深夜、チャールズ皇太子と江沢民国家主席の臨席の下、完成したばかりの香港会議展覧中心（国際会議場）の新翼でイギリス旗が降ろされ、日付が変わった零時に中国旗が掲げられた。租税回避地で知られるケイマン諸島やジブラルタルのような海外領を世界各地に残しつつ、大英帝国は消滅した。

そんな香港は現在、バブル期の日本製スポーツカーの人気が高騰しており、スカイラインGT－Rやシビック・タイプRが、当時の新車価格の一〇倍近い値段で買い取られている。だが手放しで喜べない。このままでは、卸業者は儲かるかもしれないが、貴重な中古車が日本から流出してしまうし、日本の自動車産業にはほとんどおカネが落ちない。メーカーをはじめサプライヤーも含めて純正のレストア・ビジネスに本腰を入れないと、日本にメリットがない日本車ブームとなろう。

ダイアナの死とシートベルト着用義務

香港返還が実現した九七年は、イギリスにとって、別の意味でも重要な年になった。八六年五月に訪日し、日本でも旋風を巻き起こしていたダイアナ元妃が、パリ市内で事故死したのである（八月三一日）。八一年七月、チャールズ皇太子とダイアナの結婚式は世界中に放映された。その後、それぞれに恋人の存在が噂され、タブロイド紙が書き立てた。夫婦のすれ違いを埋められないまま、九六年八月に離婚が成立。ダイアナ元妃は紛争地帯の地雷除去やHIVへの偏見是正など、在位時から取り組んでいた慈善活動に一層取り組んだ。そして、新しい恋人の存在として百貨店ハロッズのオーナーの御曹司が噂された。

スクープ写真を求め、ダイアナの休暇先のリゾート地までパパラッチが群がった。九七年八月三一日深夜、パリ市内でこれを振り切ろうと彼女を乗せたベンツSクラスが、アルマ橋トンネルの柱に激突、大破した。救急隊が駆け付けた際、彼女は意識があったが、心臓が右胸にまでズレており、未明に搬送先で亡くなった。享年三六だった。ケンジントン宮殿の外には無数の花が手向けられ、一メートル近く積み重なった。棺に眠る彼女の手には、ダイアナの葬儀の前日に亡くなったマザー・テレサから贈られていたロザリオが握られていた。このときウィリアム王子は一五歳、ハリー王子は一二歳だ。

後の裁判で、乗員全員がシートベルト不着用だったことが判明し、乗車時の着用義務化が世界的に進むことになった。日本では二〇〇八年六月から後部座席のシートベルト着用が運転席・助手席と同様に義務化され、一二年七月以降、全ての座席を三点式シートベルトにすることと定められた。

COP3と京都議定書

一九六〇年代に環境問題の深刻さが意識されるようになり、戦後の高度成長がもたらしたひずみが批判された。七〇年代に入ると、国連の場で環境問題が議論されるようになり、二度の石油危機が各国で省エネを促すきっかけとなった。そして八七年、環境と開発に関する世界委員会、通称、ブルントラント委員会より『地球の未来を守るために』と題する報告書が発表された。そのなかで現在も使われる「持続可能な開発」という概念が登場した。

翌八八年には気候変動に関する政府間パネル（IPCC）が設置され、この流れから九二年五月、国連気候変動枠組条約（UNFCCC）が採択され、九五年からは気候変動枠組条約締約国会議（COP）が開催されている。京都議定書を採択したのは、このCOPの三回目の会合、COP3である。九二年六月には環境と開発に関する国際会議、いわゆる地球サミットがリオデジャネイロで開催され、取り組みが本格化した。気候変動に加え、オゾン層の減少、砂漠化、大気・水汚染、森林伐採、土壌喪失、有害廃棄物、海洋資源の摩耗などが議論された。筆者はちょうど高校生だったが、整髪スプレーに使われているフロンガスがオゾン層を破壊していると非難され、その後へアワックスに置き換えられていった。自動車の世界で言えば、中古車を廃車・解体する際、エアコンに使われるフロンガスを回収するようになったのがこの頃である。

九〇年代に環境問題への関心が高まったことを象徴する映画といえば、ジュリア・ロバーツが実話を演じた『エリン・ブロコビッチ』（二〇〇〇年公開）だ。九六年に結審した裁判において、一介の主婦だったブロコビッチがカリフォルニア州のエネルギー関連企業から排出される水に汚染物質が含まれていることをつきとめ、これを認めさせた大型訴訟（和解金、三億ドル超）が描かれている。映画のなかで、ジュリア・ロバーツ演じるブロコビッチはボロボロの現代エクセル（二代目ポニー）を運転して（事故って）いる。

ダイムラー・クライスラーの結婚と離婚

ベンツといえば、自動車を発明したドイツ企業であり、かたやクライスラーは米ビッグ3のなかで、GMやフォードよりも先端技術を貪欲に採用する老舗だ。しかしビッグ3のなかでは最も小さく、日独の輸入車にシェアを奪われ続けた。八四年にミニバンを登場させ、このジャンルを切り拓いたボイジャー（一部は三菱エンジンを搭載）がヒットし、クライスラーは経営を立て直すことができたが、GMはすぐにアストロを登場させ、クライスラーを押しのけて王道に君臨した。

フォードから移籍したアイアコッカの指揮下、クライスラーは八七年にAMCを買収してJEEPブランドを手に入れ、順調に思われた。しかし九〇年代に入って三菱との北米合弁を解消するなど、再び不調に陥った。単独では生き残れない、との判断の下、日産を押しのけ、ベンツと電撃提携した。

九八年、乗用車においては世界六位、商用車では世界一のダイムラー・クライスラーが誕生した。ドイツ南部シュトゥットガルトと米ミシガン州オーバーンヒルズにそれぞれ本社を置き、

「世紀の結婚」と騒がれた。ベンツは九四年、スイスの時計会社スウォッチとコラボし、九八年に二人乗りの超小型車、スマートを登場させていた。一般的な車が路上駐車する際の車幅（二メートル前後）に収まる全長のスマートは、オートバイのように車と車の間に頭を突っ込んで路駐することができ、画期的だった。対抗してトヨタは二〇〇八年、ほぼ同じ大きさの四人乗り（！）iQを登場させた。

スマートはかねてより小型車のラインアップがなかったベンツの肝いりだったが、時代を先取りし過ぎたのか、あるいは急旋回中に横転を喫する安全性の問題か、〇七年まで販売不振で赤字事業だった。リコールの結果、横転はしなくなった。

スマート

スマートだけではない。ベンツは九七年に同社最小となるAクラスを登場させたが、日独仏伊の小型車よりも車内は狭く、初代はスマートと同様、ダブル・レーン・チェンジ（急ハンドルを切った後、車の姿勢が安定しきれていない内に逆向きに急ハンドルを切る、二連続の回避行動）で横転するクセがあり、リコールとなった。すぐに修正されたが、室内空間の改善は、一回り大きくそっくりな外観のBクラスに託された。

大きなアメ車を得意とするクライスラーの吸収合併が、どれほどベンツの小型車作りに貢献できたのか定かではない。二〇〇七年、ベンツはクライスラー株の大半を売却し、「離婚」が成立した。放出されたクライスラーを〇八年のリーマン・ショックが直撃し、翌年、裁判所に破産法適用を申請した。公的資金が注入されたすえ、今度は伊フィアットの傘下に入った。

プジョー406

合併劇と同じ一九九八年、先にも言及した『タクシー』が公開されている。フランス人監督リュック・ベッソンがつくったこの映画には、白いプジョー406のタクシーとドイツ系強盗団の赤いベンツ500E二台が登場し、マルセイユの街中でカーチェイスを繰り広げている。独仏ツーリングカー選手権車のバトルだが、『タクシー』は世界の名車一〇〇台以上がエキストラとして劇中に登場する、凝った作りの映画だった。そのなかで筆者が確認できた日本車は、マツダ・ロードスター、ホンダ・アコード、トヨタ・ランドクルーザーだ。二〇〇〇年公開の第二作には、カルロス・ゴーンにそっくりの仏人将軍、仏ジャック・シラク大統領本人に並び、漆黒の三菱ランエボⅣ（千葉ナンバー）が三台編隊で登場する。

日産、ルノーの軍門に下る

前章で「国産車ビンテージ・イヤー」として一九八九年を紹介した際、日産Z、スカイラインGT‐R、180SXといった日産車を取り上げた。それらの名車は、「九〇年代までに運動性能を世界一にする」ことを目指す日産の取り組み――「901運動」と呼ばれる――が実を結んだものだった。続いて九〇年に登場した初代プリメーラは、ヨーロッパで通用するセダンとして開発され、イギリス工場から日本に逆輸入された。901運動は数々の名車を生んだが、国内首位のトヨタを突き上げるほどには、日産の売り上げに貢献しなかった。世界一の運動性能と言われても、車好きではない人はあまり興味がなかったのである。

苦境に陥った日産は座間工場と村山工場を閉鎖したが、状況は改善しなかった。日産ディーゼルをベンツに売却しようとし、あわよくばベンツとの提携を望んだが、すでに紹介したとおり、ベンツは土壇場で米クライスラーを選んでしまった。米フォードには資金があるが、マツダ再建のときと同様、アメリカ人社長を日産に送り込んでくる可能性がある。残るのは、ルノーだけである。

日産はルノーが申し出た金額の倍近い額の出資を要求したが、ルノー（およびフランス政府）は国を挙げてこれを工面した。九九年三月、ルノーは日産株三六・八％を買収して経営権を握り、社長にカルロス・ゴーンを任命した。現在も続く、ルノー・日産連合の誕生である。ルノーは、かねてより弱かったアジア市場の攻略のため、日産を頼った。日産社員は当初、フランス語を習わされたとの話も聞く。

ゴーンはレバノン系ブラジル人であり、子供のときにリオデジャネイロからベイルートに家族で移住した。技術者としてエコール・ポリテクニークとパリ国立高等鉱業学校を修了後、ミシュランに就職、欧州各地での生産管理を経て、故郷リオデジャネイロで南米事業の立て直しを任された。わずか二年でこれを終えると、北米ミシュラン社長に就任した。当人いわく、このときにミシュラン・タイヤを履かせた日産Zに乗っていたのが、日産との縁である。この頃にはすっかり「コスト・カッター」の異名が定着し、九一年に民営化したばかりのルノーの合理化のため、九六年に副社長に迎えられた。

ゴーンは日産リバイバルプランに基づき、「部品をグローバルに調達する」との掛け声の下、それまでの系列取引を無視し、大ナタを振るった。日産を破産直前からわずか二年で立て直したゴーンを、米『ニューヨーク・タイムズ』紙は「ミスター修理屋」と呼んだ。徹底したコスト削減と社員のリストラが進むなか、二〇〇三年、静かに役割を終えた車があった。日産プレジデント（三代目）である。正確には、〇三年以降もプレジデント（四代目）は生産・販売された。しかしそれは「プレジデント」とは名ばかりの、シーマと多くの部品を共用する代物だった。一九六五年以来続いた日産の旗艦の血統が、三代目プレジデントで途絶えた。「不沈艦」時代の、最後の大将旗だった。そして二〇一〇年、姉妹車シーマのモデルチェンジと共に、プレジデントの名前も消えた。

ゴーンはその後、イギリス工場に納品するイギリス製の現地部品をルノー系列にすり替え、コスト削減を終始徹底したため、イギリスと大陸側の諸国の間に亀裂が入った。イギリスのEU離脱の是非を問う二〇一六年六月の国民投票において、工場の立地するサンダーランド選挙区で六一％の有権者が「離脱」に票を投じた。

ハイブリッド車の登場――トヨタ・プリウスvsホンダ・インサイト

九〇年代の再編劇を経て消え去った伝統があった一方で、来たる二一世紀を感じさせる、新しい車たちが登場した。ハイブリッド車（HV）である。

エンジンの出力をモーターでアシストする発想は、日本で初めて生まれたものではない。イギリスのアーノルド・ベンツは世界で初めてエンジンに電気式スターターを搭載した際（一八九七年）、これを登坂時のアシストにも使った。このようなアシストを効率的かつ確実にオペレートする部品群の組み合わせこそが、トヨタ・プリウスやホンダ・インサイトが提案した、日本独自の発見である。

一九九七年、初代プリウスが鉄腕アトムと共にCMに登場し、「二一世紀に間に合いました」とうたった。プリウスは直4エンジンが五八馬力を発生し、四一馬力のモーターと状況に合わせて交互に駆動力を伝え、当時の同じ排気量のエンジン車の二倍近い好燃費を記録した。バッテリーは現在のようなリチウムイオンではなくニッケル水素で、車両価格二一五万円とい

プリウスとインサイト

う、当時のカローラより少々高額な設定だが、それでも出血大サービスの値段だった。普及を優先したからだ。

当初は売れ行きが伸び悩んだプリウスだったが、黒柳徹子が購入して話題を呼ぶなど徐々に注目が集まった。海の向こうではハリウッドスター、特にレオナルド・ディカプリオが二〇〇五年のアカデミー賞授賞式にプリウスで乗りつけ、注目を集めた。ディカプリオはその後もＥＶのテスラ・モデルＳ、ＰＨＥＶ（プラグイン・ハイブリッド車）のフィスカー・カルマの初号機、ハイブリッドのボルボＸＣ60やポルシェ・カイエンＳ、クライスラー初のＰＨＥＶ、パシフィカなどを乗り継いでいる。歴代プリウス愛用者としては、他にキャメロン・ディアス、サラ・ジェシカ・パーカー、ナタリー・ポートマン、オーランド・ブルームなどが知られている。なおその後、黒柳徹子はいち早く水素で走るＦＣＶ（燃料電池車）の初代ＭＩＲＡＩのオーナーとなったことでも有名になった。

対して九九年に登場したホンダ・インサイトは、地味な船出となった。テレビCMや広告に有名人は登場しなかったが、プリウスより先にアメリカで売られ、西海岸のサーファーたちに支持者が増えた。それもそのはず、車体はスーパーカーNSX譲りの軽量なアルミ製、スポーツカーのごとく二人乗り、そして一リッターのエンジンを小さなモーターがアシストする、プリウスよりも大幅に簡略なシステムだったのである。プリウスではエンジンもモーターも主役だが、インサイトはあくまでもエンジンが主役だった。車体とシステムの軽さと、空力を最優先した近未来的な外観で燃費を稼いだ。スポーツカー並みの凝った作りと、後席部分を全て荷室とした割り切りが、サーファーたちに「新しい」とウケた。そしてアメリカEPAから、ガソリン・エンジン車燃費ランキング一位に認定された。

プリウスとインサイトの登場は、来たる二一世紀がどのような時代になるのか、先を照らす役割を果たした。省燃費車は非力ゆえに遅い、という常識をくつがえし、従来のガソリン車と同じ速さのまま、いかにガソリン消費を少なくするか、という新しい競争が生まれた。BBC『トップ・ギア』誌はプリウスを「奇妙なくらい省燃費」と高く評価している。同誌は大衆向けの日本車・ドイツ車、特にトヨタとVWに（執拗に）厳しいが、プリウスの性能を認めざるをえなかった。

国内的には、どうだったのだろうか。八〇年代の日本はバブル景気に沸き、自動車業界は八九年から九〇年にかけ、量的にピークを迎えた。バブルは戦後日本の高度成長の総決算であり、ハイブリッド車は戦後積み重ねてきた日本的な車づくりの、総決算だった。一般家庭の手が届く値段、故障が少なく省燃費、そして初心者でも安心して運転できる敷居の低さを極限まで高めた。

二〇世紀最後の一〇年は、戦後の高度成長が一段落し、これからの日本が何を軸に生き残りを図るのか、その解が芽生えた時期だった。二一世紀に入ってまもなく、三菱と日産は量産電動車（EV）を発売するのである。

第五章　中国の台頭とCASE
――エコカー・電動化・自動運転の波

二一世紀の幕開け

一九八九年に冷戦が終結したとはいえ、二一世紀に入るまでの一〇年は、昭和・冷戦時代の熱気と余韻が残る時代だった。冷戦終結はT1国を利し、東側諸国を地盤沈下させた。そして第四章の最後で紹介したとおり、ハイブリッド車（HV）というゲームチェンジャーが日本から登場し、一層のエコ、ガソリンの省燃費が一挙に加速し、これが来たる二一世紀のスタンダードになるかに見えた。

二一世紀は、世界中を震撼させる事件で幕を開けた。二〇〇一年九月、9・11アメリカ同時多発テロである。冷戦終結後に各地で民族紛争が噴出しはじめていたが、これが世界を分断するグローバルなうねりとして表舞台に出てきた。それだけではない。世界の自動車市場にも大きなプレイヤーが台頭した。今では世界一の自動車大国となった、中国である。

この章では、中国がどのようにティア構造に影響を与えたのか、そして日韓をはじめ他の国がティア構造の序列を駆け上った過程と何が異なるのか、考えたい。

T1国の名車たち

これまで自動車史を引っ張ってきた名車たち。その画期は、何に支えられてきたか。

車を大量生産するエコシステムを生み出し、自動車産業を一躍、国家の屋台骨に育て上げたアメリカは、真っ先にT1国として台頭した。大量生産一号車のT型フォード、戦後の繁栄をきらびやかに飾ったキャデラック・エルドラドなど、世界的な先駆であると同時に「大きさ」「おおらかさ」を体現する存在だった。戦前、戦中の日本の政府公用車は、占領地で接収した「アメ車」が主流だったし、ソ連の自動車産業の礎となったのは、フォードの現地工場だった。

この他、エアバッグを先駆的に装備したシボレー・インパラ、月面探索EVだったルナ・ローバーなど、アメリカのもう一つの特徴は、圧倒的な軍事予算、兵器開発資金によって自動車技術のフロンティアを切り拓いてきた姿だ。後述するが、GMは六六年に水素で発電して走るEV（FCVのはしり）を試作していた。

対して欧州勢は、アメリカよりも後発とはいえ、それぞれ独自の車づくりで数々の名車を生み出した。フランスのフォードとなることを目指したシトロエンは、トラクシオン・アバンを生み出し、現代的なファミリーカーの基本要素を全て盛り込んだ。運転が容易だったために女性に運転を解放したことは、共和国の理念である自由、平等、友愛を体現し、社会に大きな変化をもたらした。戦後登場した2CVは一九九〇年まで末永く生産され、三八〇万台以上が世界各地で広く愛された。

イギリスはアメリカとならび、日本に車づくりを教えた教師役の一人だったが、戦後はドイツや日本に世界中の市場を奪われ、徐々に体力を奪われていった。ミニやランドローバーは極めてイギリス的な名車だったが、ニッチ過ぎた。イギリスは他国に先んじて日本車輸出の自主規制を求め、アメリカに次いで日本車の現地工場を立ち上げさせた。イギリスはお家芸だった自動車産業の「自前主義」を捨てて外資に任せ、自らは兵器産業、航空機産業と、どちらにも共通するＩＴ産業や金融に注力した。そして民間メーカーがしのぎを削る舞台であるＦ１の開発拠点や最高級車ロールス・ロイスなど、圧倒的な最高峰を押さえて手放さない。

ドイツは戦前、スポーツカーや高級車では実績があったが、ニッチなため国境を越えて広く普及しなかった。戦後、ドイツ車を世界に羽ばたかせたのは、「国民車」ＶＷビートルの成功だった。合理的で精緻、頑丈に作られたＶＷゴルフやベンツＳクラスは、王道のベンチマークと目される。ドイツ車が速度無制限のアウトバーンによって鍛えられていることは、フランス車が石畳の上を快適に滑り抜けるように、地元でこそ紡がれた持ち味だ。ゴルフの格下のポロですら、時速一八七キロの最高速度で難なく高速巡行をこなす。

スウェーデンも自動車産業の歴史は古いが、大規模な輸出に成功してＴ１国デビューを果たたしたのは、現在では当たり前になった3点式シートベルトを初めて標準装備したボルボ120のおかげだった。五九年の特許を世界中の自動車の安全のために無償公開し、「世界一安全なファミリーカー」との評判を確固たるものにした。スウェーデンは「福祉国家」らしい人への配慮、環境への配慮で常に世界の一歩先を行く先見性を発揮し、次のスタンダードを生み出してきた。

イタリアは一部のスーパーカーを除き、フィアットという国内独占メーカーの下に集結しており、その歴史は古い。フィアット500は独特のセンスのよさ、美しさを持ちつつ、メカニズムの徹底した合理主義、シンプルさも特徴だった。そのためフィアット124は冷戦中、鉄のカーテンの向こう側でラーダ1200としてイタリアの本家以上に長く生産された。イタリア車はファミリーカーでもニッチな魅力を宿し、熱烈なファンを末永く確保するのが得意だ。

フランス車、イタリア車は壊れやすい、と思っている日本人は少なくないが、割り切った取捨選択のセンスは部品点数が劇的に減るEVの設計では生きてくることが見込まれ、逆に様々なしがらみや規制を気にする日本勢は工夫が必要だろう。日本車の持ち味は、何だったのだろうか。この答えは次章、本書の最後で触れたい。

二〇世紀のT1国と「二一世紀型」中国の違い

中国は、後発だった日韓どころか、自動車産業の先駆であるアメリカすらたどっていない経路を経て、世界一の自動車大国に台頭した。三億人を擁するアメリカの国内市場は大きいが、同時にアメリカビッグ3は輸出と海外生産によって規模を拡大した。対して中国で自動車生産を拡大したのは海外メーカーの車であり、独自開発の車種は当初少なかった。輸出は増えなかったが、国内市場の大きさによって生産台数が飛躍的に拡大するという、いわば「一本足打法」だった。

二〇〇九年、「中国がアメリカを抜いて世界一の自動車市場になった」と世界各地で報じられても、大半の人々には実感がわかなかった。中国産の実車を目の前で見ないまま「抜かれた」と伝えられたからである。中国の台頭はステルスであり、ブランド・イメージも不在のままだ。ティア構造の歴史的なパターンをたどらない台頭であり、斬新だ。

中国の台頭は追いつかれるT1国にとり、いままでにない怖さを覚えさせるものである。これまで歴代T1国は海外市場で揉まれ、国内市場ではメーカーが淘汰され、熾烈な生き残り競争を経て「成人」してきたのだ。中国はこれを経ず、赤子のまま成人よりでかい図体になった。T2国のまま世界最大の自動車市場に台頭したことは画期的だが、同時にそれは、中国が「真のT1国」の仲間入りを果たす上で、どのT1国も味わったことがない大きな試練にこれから直面することを意味する。あるいは、ティアの序列自体に変化をもたらし、破壊するかもしれない。

9・11テロの衝撃

冷戦が終結した後、来たる二一世紀の国際関係を占う論調には、アメリカを中心に楽観論が支配していた。フランシス・フクヤマは『歴史の終焉』(一九九二年)を論じ、イデオロギー対立の時代が終わったことをたたえた。ブルース・ラセットは『デモクラティック・ピース』、つまり民主主義国どうしは戦争をしない、と説いた。これをマクドナルドに置き換え、マクドナルドが開店している国どうしは戦争をしない、つまり経済的に深く結びつき合っている国の間では戦争が起きない、という言説が流行った(第三章)。たしかに、東西ベルリンの分断を象徴するチェックポイント・チャーリー(検問所C)の目の前にはマクドナルドが店を開いており、ビッグマックとコーラを片手に冷戦遺跡を見学することができる。

これに対してサミュエル・ハンチントンは『文明の衝突』を予見し、世界の宗教地図とほぼ同じ分布図を用い、二一世紀は異なる文明圏どうしの対立が激化する、と説いた。激動と混沌の時代を象徴するように、二一世紀は衝撃的な事件で幕を開けた。

二〇〇一年九月一一日、イスラム過激思想に染まった犯人たちがハイジャックした三機の旅客機は、ニューヨークのツインタワーと首都ワシントン郊外の国防総省(ペンタゴン)に突入した。四機目は乗客の反乱によって標的に到達せず、郊外に墜落した。この顚末は、遺族側と制作側で激論のすえ『ユナイテッド93』として映画化されている。

犯行を主導した故ウサマ・ビン・ラーディンはサウジアラビアの富豪一族の出身であり、冷戦期、アフガニスタンに侵攻したソ連軍を追い払おうと、アメリカの諜報機関ＣＩＡから支援を受け、ゲリラ戦を展開した。冷戦終結後、彼の怒りの矛先はアメリカに向かった。九三年にニューヨークのツインタワーを狙って地下駐車場を爆破するも、ビルは倒壊をまぬがれた。地上の警備が強化されたことに対し、彼は航空機でビルに突入するという、奇策に出た。９・11後、日本は一一月にテロ対策特措法が施行され、一週間後には海上自衛隊の艦船が洋上補給任務のため、インド洋へ向けて出港した。アフガニスタンに派兵したアメリカをはじめ、ＮＡＴＯ諸国の後方支援である。

犯行後、ビン・ラーディンはアフガンとパキスタンの国境付近の山々に潜伏し、パキスタンの秘密（軍事）施設に匿われた。米海軍特殊部隊が無許可・無灯火のステルス・ヘリで夜中に急襲し射殺したのは、同時多発テロから一〇年目となる、一一年の五月だった。ビン・ラーディンは携帯電話もメールも一切使わなかったため、居場所の特定にはかなり時間がかかった。諜報当局が彼の身の回りの世話をしている男性をつきとめたのが突破口になった。

ビン・ラーディン捜索の顚末は『ゼロ・ダーク・サーティ』という映画に描かれており、劇中で連絡係の男性はスズキ・ジムニーを駆っている。悪路に強い日本製ＳＵＶは北米ではSamuraiの名称でスズキ・ジムニー・シエラが売られ、三菱Shogun（イギリス仕様のパジェロ）も世界各地で重宝されている。ジムニーはその後も人気が衰えず、二〇一八年に二〇年ぶりのモデルチェンジを受け、納車待ち一〇カ月の人気となった。なお、三菱パジェロは惜しまれつつ二一年に生産を終え、岐阜のパジェロ製造は閉業している。ビン・ラーディンの殺害後も対立と紛争は収まることなく、二一年八月、米軍のアフガン撤退を待っていたかのように、武装勢力タリバンが国を乗っ取った。大英帝国からの独立一〇二年を祝う記念日の四日前だった。

ロシアのWTO加盟

一見、日本と関係のない遠い話のようだが、日本国内もテロとの戦いに巻き込まれた。国際手配されたアルカイダのメンバーが偽造旅券を使って来日し、新潟に潜伏していたのである。新潟を拠点に中古車を輸出し、アルカイダにテロ資金が送られていたと言われている。アルカイダは日本を標的のひとつに名指しした。

新潟港は中東向けの中古日本車の船積み拠点だったが、同時にロシア向けにも輸出していた。四輪駆動車と、ハイエースをはじめとする業務用ワンボックスが人気だった。しかしロシアが国内生産奨励のため、中古日本車の関税を二〇〇%以上に引き上げた。以後、新潟港はロシアから天然ガスを輸入することを主な目的とする港になってしまった。

〇七年一二月、トヨタが日系初となるロシアでの現地生産を開始し、サンクトペテルブルクでカムリを生産した。先立って部品輸入関税が低減され、すでにルノーとフォードが工場を開設していた。しかし〇八年一二月、ロシアは手のひらを返し、自動車関税を引き上げ、国際的に批判を浴びた。このような朝令暮改を国際社会から警戒されつつも、ロシアは二〇一二年、一五六番目のWTO加盟国となった。

テロの最前線と日本車

紛争地帯への「不適切な」物流は、ロシアだけの問題ではない。アメリカ政府は二〇一五年、中東の紛争地帯で日本製の四駆、特にトヨタ・ランドクルーザーが武装勢力に多く使われていることを問題視し、トヨタに説明を求めた。三菱パジェロ、日産サファリ同様、優れた悪路走破性と頑丈な作りのため、日本車は世界各地で重宝されてきた。トヨタ・ハイエースも含め、海外で需要が高い車種は、常に国内盗難被害ランキングの高位に入ってしまう。

ランドクルーザー70系は八四年の登場だが、現行型と並行していまも生産され、海外で販売されている。車のエンジン停止が人命に直結するような極地では、非電子制御ゆえの強さ、ロバストネスが発揮されるのである。昨今のビンテージ・カー人気の一端は、このように再発見される車の魅力とも関係していよう。『キャスト・アウェイ』や『プライベート・ライアン』

トヨタ・ランドクルーザー70系

で好演したトム・ハンクスも、長年ランドクルーザーFJ40の愛用者だった。二一年にモデルチェンジした現行型の300系に、EVどころかハイブリッドすらラインアップされない理由は、「地球上のどこからでも生きて帰れるため」と言われている。

ランドクルーザーは民生品のため、テロ組織による購入についてどこまでメーカーが説明責任を負うのか微妙だ。トヨタは二〇二一年八月、ランドクルーザーがモデルチェンジした際に対策を施し、新車購入時に「輸出防止事前チェックシート」への署名を求めた。車両登録後一年間、輸出・転売をしない、販売店側の判断で注文をキャンセルしうる、そして誓約内容に反した場合は出禁になる可能性などが明記された。転売自体が違法ではないなか、武装勢力のような「望ましくないユーザー」の手に渡らないようにする苦肉の策であり、暗躍する転売ヤーに対する牽制《けんせい》としても新しい手法である。日本車で最も長く続くモデルであるランドクルーザーは、様々な最前線で戦っている。

中東・ジェンダー・運転

中東諸国は、ジェンダーと車の問題も抱えている。サウジアラビアでは長く、宗教上の理由から、女性による車の運転を禁じてきた。運転解禁を訴えていた「ウーマン・トゥー・ドライブ」運動の女性活動家、ルージャイン・ハズルールは女性による運転が解禁される直前の二〇一八年五月に逮捕され、テロ関連の罪で禁錮五年八カ月の判決を受けた。

女性による車の運転が解禁されるやいなや、一八年一〇月にはサウジアラビア初の女性レーサーとして、アブダビで開催された（トヨタ）86カップでリーマ・ジュファリがデビューした。ジュファリはアメリカの大学に留学していた二〇一〇年一〇月に運転免許を取得し、専門は国際関係である。二〇一七年九月、国王が女性による運転の許可を下命し、一八年六月に解禁となった。彼女は二〇一七年九月、レーサーの免許を取得した。

ジュファリは一九年にイギリスのF4選手権にエントリーしたが、惜しくも結果を残せなかった。同年一一月には、サウジアラビアで行われた電気自動車「ジャガーI‐PACE　eトロフィー」に招待選手枠で出場した。優勝選手の五秒落ちの周回タイムで、結果は一〇台中、最下位だったが、ル・マン二四時間耐久レースに出場するのが彼女の夢だ。

ジェンダーとGM

ジェンダー論争の最前線に立っているのは、イスラム教だけではない。二〇一四年一月、米GMの社長に、大手メーカーとして史上初めて女性が就任した。メアリー・バーラはミシガン州に生まれ、父がデトロイトのポンティアック工場で働く、生粋のGM一家で育った。一八歳でGM工場の検査員に就職して大学の学費を稼いだ苦労人だ。

GMは二〇〇八年のリーマン・ショックで大打撃を受けて破産し、翌年、国有化された。デトロイトで職を失った多くのエンジニアを吸収したのが、後述する新興企業のテスラだった。

GMボルト

GMとトヨタの合弁、NUMMIの工場を引き取ったのもテスラである。バーラの社長就任以降、GMは電動化と自動化を大きく加速させ、巻き返しを図った。テスラよりも早く四万ドル未満の電動車シボレー・ボルト（BoltEV）を二〇一六年に発売した。北米ビッグ3のなかで最大手のGMとしては、異例の早い決断だった。GM韓国、LGとの協業による電池、モーター等を組み合わせた車だ。

テスラを率いるイーロン・マスクは、慌てて最廉価のモデル3（後述）を発表し、対抗せざるをえなかった。売り上げ的にはモデル3に軍配が上がったが、GMが変わりはじめた意味は大きい。

バーラは、保護主義を掲げて「雇用をアメリカへ戻せ」と恫喝するトランプ大統領（当時）を正面から無視し、北米工場を五つ閉鎖し、物議をかもした。GMは二〇一七年、一六〇年の歴史をもつ傘下の豪ホールデンの生産を終了した。これはオーストラリアにおける自動車製造の「消滅」を意味する。先進国のなかで、自動車産業が「残る国」と「残らない国」の明暗が分かれることになった。

オーストラリアにはトヨタ（六三年）の他、日産と三菱・GMも工場を開設したが、トヨタは二〇一七年に閉鎖している。主な輸出先は中東諸国だったが、これが先細ると、人口二〇〇〇万弱の市場は小さ過ぎ、イギリスのような最先端のR&Dもなく、各社が中国工場を開設・増設する流れが加速するほど、豪州からの撤退が早まった。自由貿易協定、経済連携協定によって輸出入が自由化され、豪州で売る車を現地で作る必要がなくなったからだ。T2国からT3国への陥落だが、最先端のR&Dやスタートアップの成功があれば、オーストラリアは準T1国にジャンプアップできるだろう。

話をGM本体に戻そう。バーラは二〇二〇年、新型コロナウイルスが猛威を振るうと、いちはやく労組UAWの要求を受け入れて生産停止に踏み切り、従業員の安全と健康を最重視した。GMは当初計画を五年前倒しし、二〇二五年までに北米事業所の電力を全て再生可能エネルギーで賄うと宣言している。トランプ政権がパリ協定（後述）から脱退した後も、「GMは国家なり」を体現するごとく、バーラは環境への取り組みを、政府の意向に逆行してむしろ強化したのである。彼女の辣腕《らつわん》により、GMはおろか、車社会、車づくりは、どのように変わるのだろうか。そして、日系自動車メーカーのトップに女性が颯爽《さっそう》と登壇するのはいつのことだろうか。

テスラの登場

時系列が少し前後するが、巨人GMも無視できないテスラとは、どのようなメーカーなのか。

テスラは二〇〇三年七月、米デラウェア州で創業した。〇八年以降CEOを務めるイーロン・マスクは、テスラが資金調達を進めていた創業二年目に、出資者の一人として貢献した。マスクは九八年にオンライン決済会社（後のPayPal）を起業して富を得て、二〇〇二年にスペースXを立ち上げたばかりだった。マスクは南アフリカ出身で、母の親族を頼ってカナダを転々とし、米ペンシルベニア大学で経済学と物理学の学士を得た時点で二六歳、その後スタンフォード大学の大学院に進学するなど、遅咲きの人だった。

マスクの自腹も含む資金調達によって、テスラは二〇〇六年にロードスターを発表し、〇八年から生産・販売した。ロータス・エリーゼの車体に（当初は外注、後に内製の）モーターとバッテリーを積み、最高時速二〇〇キロ弱、時速一〇〇キロ到達三秒強の性能を誇った。米EPAはロードスターの航続可能距離を三九三キロと発表した。同車は複数のデザイン賞を受賞し、約一一〇〇万円の価格ながら、およそ二五〇〇台が三〇カ国で売れた。この間、マスク以外の創業者たちは取締役の職を去り、訴訟を起こしている。

ロードスターが公道を走るようになってまもなく、二〇〇九年にリーマン・ショックの煽《あお》りで業績が悪化したGMが国有化され、トヨタと合弁で開設したNUMMIを閉鎖することが決まった。カリフォルニア州知事アーノルド・シュワルツェネッガーまでもがフリーモント工場の維持を働きかけたが実らず、生産車種は他のトヨタ北米工場へ移管された。テスラはこの工場を買い取り、二〇一〇年にリオープンした。開所式にはシュワルツェネッガーも駆けつけ、門出を祝福した。彼はロードスターのオーナーでもあった。

ちなみにシュワルツェネッガーは映画『ターミネーター』のキャラどおり、大きくてパワフルな車を愛し過ぎ、自動車史にも名前を残した。米軍用の輸送車両ＨＭＭＷＶ《ハンヴィー》を私用で購入することを熱望、念願叶ってハンヴィーを民生向けに改修したハマーＨ１の初号機を九二年に納車されている。日本で言えば、陸上自衛隊の輸送トラック、いすゞＳＫＷを、特別に個人で購入させてもらうような話だ。

話をテスラに戻そう。大きな工場を格安で手に入れたテスラは、次の一手として、スポーツカーよりも客層が広がる高級セダンを手掛けた。二〇一二年に発売されたセダン、モデルＳである。モデルＳはスポーティーな高級車の王道、独アウディＡ６やＢＭＷ５シリーズの価格帯を狙った。性能は最高時速二六〇キロ弱、時速一〇〇キロ到達は二・五秒と、スーパーカー並みの動力制動を持ったセダンを仕上げた。航続可能距離はＥＰＡ発表で最長六五〇キロ弱と、ロードスターが試作品の域を出なかったのに対し、「普通の」高級セダンに仕上げた。伝統的とも言えるセダンのカテゴリーのなかで、全く新しい車に乗りたい客層に強く訴える現実的な提案だ。

完成車試験をパスできない車両が大量に工場敷地内に並ぶなど、将来を懸念する声もあったが、その後テスラは売れ筋のＳＵＶ、モデルＸを二〇一二年、次いでＹを一九年に発売し、アメリカの西海岸と北欧諸国限定とはいえ、着々とシェアを拡大した。そして広く普及を目指す最廉価版モデル3が、四四〇〇万円から七一〇〇万円の価格で二〇一六年に登場したのである。リーマン・ショックでビッグ3が失速するなか、テスラはアメリカの自動車産業復活の旗を振る存在に成長した。そして中国市場での人気が、テスラをさらに勢いづけるのである。

テスラ・モデル3

世界初の量産EV

二〇〇八年発売のテスラ・ロードスターを「量産できていない」とカウントするならば、世界で初めてEVの本格的量産車を世に送り出したのは、日本である。

三菱は二〇〇九年七月、軽の三菱iに六四馬力のモーターとリチウムイオン電池を積んだアイミーブを発売した。三菱iは後席の下にエンジンを積むMR構造で、それ自体個性的な軽だったが、EV版のアイミーブはモーターとGSユアサと共同開発した電池を搭載し、日本やヨーロッパで家庭用電源で充電できる小型車として作られた。航続距離は空調不使用で一三〇キロほどと、街中での使用を想定した。

アイミーブは二〇〇六年から電力各社と共同開発がはじまり、一〇年には欧州でプジョー・イオン、シトロエンC-ゼロの名前でOEM生産された。車体を軽から小型車枠に拡大した北米仕様は、米ＥＰＡの測定で航続距離一〇〇キロとされ、二〇一二年に最もエネルギー効率が高い車に認定された。３・11震災の後、アイミーブは車載バッテリーから家庭電源向けに出力できる機能を足した。停電時に、ＥＶが家庭電源になるのである。

　アイミーブが発売された直後の二〇〇九年八月、日産リーフが発表された。本社を銀座から古巣の横浜に移すお披露目の際の目玉だった。リーフはモーターが一〇九馬力を発生し、最高速度一四五キロ、航続距離は当初二〇〇キロほどだった。その後、マイナーチェンジの度に電池容量の拡大、車体の軽量化やシステムの改良を重ね、初代の後半には一〇〇キロ近くアシを伸ばした。

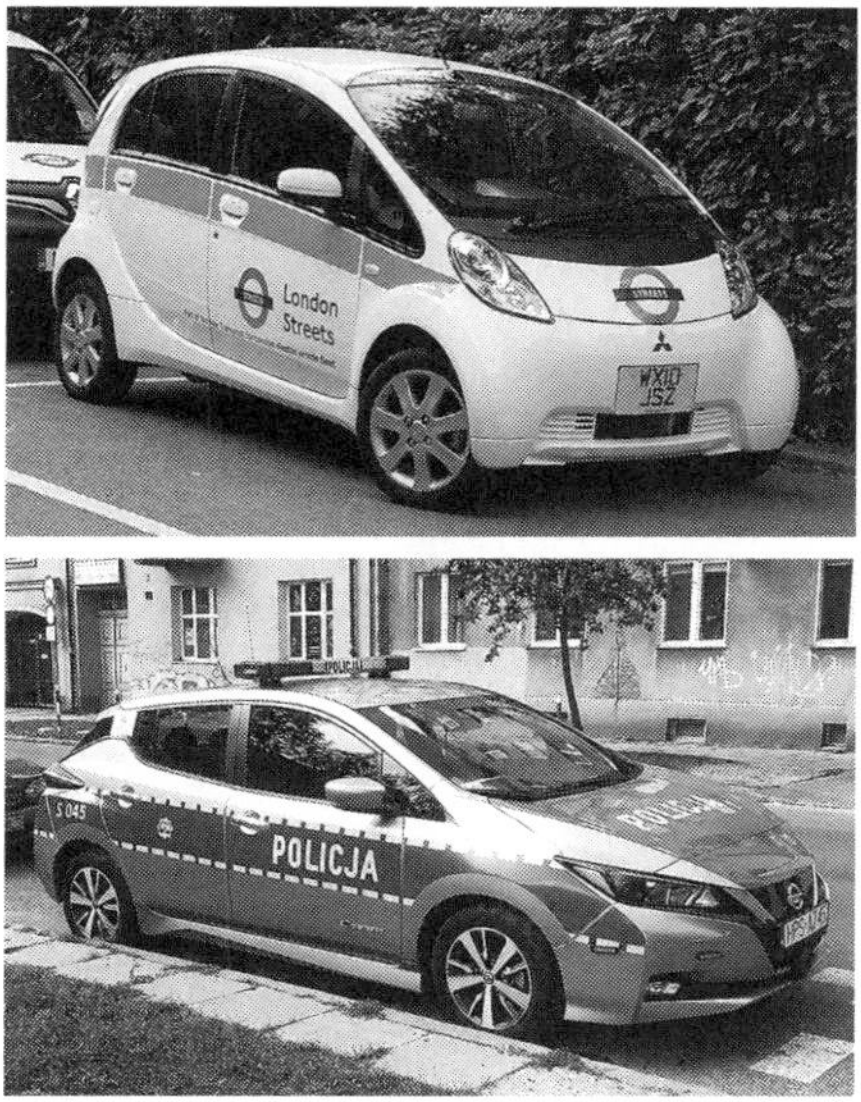

三菱アイミーブと日産リーフ

　床面にびっしりとリチウムイオン電池が敷き詰められたリーフは、スポーツカー並みの低重心を誇った。雪道でリーフを走らせたプロのドライバーをして、「日産ＧＴ－Ｒ並みの安定」と言わせる、新しい時代の車となった。二〇一一年に米パイクス・ピークという、山の一本道を登る伝統のレースで、電動車部門優勝を果たした。リーフは二〇一一年に欧州カー・オブ・ザ・イヤーを受賞し、日産マーチ、トヨタ・ヤリス（初代ヴィッツ）、トヨタ・プリウスに次ぐ、日本車四台目の受賞車となった。

二〇一二年から北米工場、二〇一三年からイギリスと中国でも生産され、リーフは日産の顔となった。親会社ルノーは二〇一二年、ちゃっかりリーフと似た性能のZOEを発売し、電池はリーフ同様の日産・NEC製ではなく、韓国LG製を採用した。欧州市場ではリーフを凌《しの》ぐ売り上げを確保し、愛嬌のあるデザイン、ロレアルとのコラボで車内空調に工夫を凝らすなど、独特の付加価値が与えられている。

リーフはEVの欠点である、暖房使用時の電費（ガソリン燃費の電気版）の大きな低下を防ぐため、特に工夫がなされた。ガソリン車はエンジン熱を車内暖房に使うため、冬だからといって燃費は大きく低下しないが、これがないEVは、電気を喰う熱線で暖房を回さなければならない。日産は人が暖かさを感じる要点をつぶさに研究し、リーフは冬の乗車直後、指先と足先を真っ先に効率的に温めて電池容量を節約するように設計された。

アイミーブとリーフが発売された後、日産と三菱の販売店をはじめ、カー用品店、コンビニの駐車場、道の駅、高速道路のサービスエリアにEV充電スポットが増殖するようになった。EV普及上の課題は今も、バッテリーのコスト高による車両価格の高止まりと、充電スポットの不足だ。交差点で止まる際に非接触自動充電できたり、走りながら無線で充電する技術も、将来的には実用化されよう。

ローマ教皇の車選び

ローマ教皇専用の公用車は、教会の必須アイテムである。二〇一九年一一月の教皇フランシスコの訪日は、八一年二月、ヨハネ・パウロ二世の初来日以来、三八年ぶり、教皇として二度目の来日となった。故ヨハネ・パウロ二世は冷戦中に東西陣営の橋渡しをし、異なる宗教間の紛争和解を取り持つなど、超大国とならぶほどの外交力を発揮した。八一年に広島と長崎を訪れた際に核兵器廃絶を訴え、「戦争は人間のしわざです」「戦争は死です」と日本語で語った。

ヨハネ・パウロ二世は初めて「鉄のカーテン」の向こう側、東欧ポーランドから選出されたため、ソ連に抑圧されていた東欧市民を勇気づけた。イラク戦争（二〇〇三年）に臨む米ブッシュ大統領が議会で「神の加護を」と演説を締めくくったことに対し、「神の名で人を殺すべからず」と苦言を呈した。独ソに祖国を蹂躙《じゅうりん》された国から就任した教皇だけに、言葉に重みがあった。

そんな教皇が乗る公用車はイタリア語で「パパ・モービレ（教皇様のお車）」と呼ばれるが、その車種選択にも教皇のメッセージが込められている。二〇一九年に長崎を訪れたフランシスコ教皇は、トヨタＭＩＲＡＩ（水素で発電する燃料電池車、ＦＣＶ）の白い特注オープンカーに乗り、環境問題への取り組みの加速を訴えた。広島では核廃絶を訴え、相棒にはマツダ3を選び、さりげなく地域振興にも貢献した。上級のマツダ6ではなく、中級のセダンを手堅く選んだところに、カトリック的な質素倹約と省燃費へのこだわりが垣間見える。その3も、レンタカー向けの廉価グレードを自ら指名し、車選びは徹底していた。

世界中に一二億人以上の信者を抱え、中国に近い人口を擁する「ネットワーク国家」の頂点に位置する教皇は、昨今SNS発信にも積極的である。現在、EVスタートアップの米フィスカー社が、SUVのオーシャンをパパ・モービレに改修中と伝えられているが、バチカン市国のなかではフォード・フォーカスに乗り、庶民派でもある。

◎コラム6　イタリアの公用車

イタリア人はフランス人と同等かそれ以上に、食とファッションにうるさい人が多い。その負けず嫌いは、クルマやオートバイの運転においても炸裂する。車に興味がない人でも、ランナバウトでアウトの大外から他の車を抜き、前に平然と割り込むような運転をする。そんな彼/彼女らは、逆に他の車に割り込まれると、「あれは性能差だ（つまり運転の腕で負けたわけではない）」「今日は車の調子が悪い」と文句を言う。イタリア語で車を「マッキナ（英語でマシン）」と呼ぶため、そんな日常の愚痴も「今日はマシンの調子が悪

ランチア・テージス（首相公用車）

い」と、一端《いっぱし》のF1ドライバー並みの響きである。垂涎《すいぜん》のランボルギーニやF1常勝のフェラーリを生み出す素地が、草の根レベルに根付いている。

　そんな国の首相公用車は、ランチアの歴代高級車だった。現行は二〇一二年に登場したテージスだが、近年フェラーリのエンジンを積んだ高級車、マセラティ・クアトロポルテも採用され話題になった。こともあろうに「外車」を公用車に選んで顰蹙《ひんしゅく》を買ったのが、アウディA8を選んだベルルスコーニだった。A8といえば、ジェイソン・ステーサムが運び屋に扮する『トランスポーター』のなかで愛用している車であり、スーパーカーR8のエンジンを積んだアウディの旗艦高級車である。なお、公用車の護衛につくイタリア警察の「白バイ」には、おひざ元のドゥカティやアプリリア、モトグッチが採用されるのは稀で、ドイツ製のBMWが歴代選ばれている。

レトロ回帰の先駆

二〇〇〇年代に特筆するべき潮流の一つが、ハイブリッド車などの新しい提案と逆行するよ

VWザ・ビートル

うな、レトロ回帰である。かつて五〇年代に一世を風靡した名車たちが、次々にリバイバルした。

先陣を切ったのは、VWだった。トヨタ・プリウスとホンダ・インサイトが登場したのと同じ頃、一九九八年（日本は翌九九年）にVWニュービートルが発売された。

初代ビートルの「丸っこいデザイン」を引き継ぎつつ、ゴルフの車体を流用して前輪駆動のFFに改められ、普通のファミリーカーと同じ構造となった。旧ビートル同様にメキシコで生産され、日本で需要が多いオートマ車の変速機はアイシン製だった。二〇一二年にはザ・ビートルと名前を改め、今度はジェッタの車体を流用して一九年まで生産された。室内空間や荷室は四角い車の方が有利のため、新ビートルは「国民車」とはならなかった。だがグローバルに車を売る必要や様々な衝突安全基準への対応から、どの車も似たような形や大きさに収斂《しゅうれん》してきたことに対して、VWは自ら送り出した歴史的アイコンを最大限利用し、再解釈を施した上で、他の人と違う車に乗りたい（コアな）ユーザーをつかんだ。

レトロ回帰と最先端EVの関係

一九五九年に登場した初代ミニは豪州、イタリア、ベルギー、ポルトガル、南アフリカ、中南米諸国、そしてユーゴスラビアでも生産されたが、八〇年代に入り人気に陰りが出はじめた。ローバー800／ホンダ・レジェンドを生み出した両社の提携は九〇年代に入って解消され、九四年、親会社で防衛産業大手のBAe（現：BAEシステムズ）はローバーを、小型車を開発しようとしていた独BMWに売却した。BMWは頑なにFR、前後輪重量配分五〇対五〇を守ってきたが、二〇〇一年に登場した新生ミニで初めてFF車を売ることになった。英オックスフォード工場で生産され、ディーゼル車のエンジンはトヨタから供給された。

ミニは発売直後から飛ぶように売れ、全長を長くしたクラブマン、高性能版のクーパーSなどの派生車種も充実した。愛嬌のあるデザインながら、走りは初代ミニらしい機敏さに加え、BMW的な安定も手に入れた。そしてBMWも二〇〇四年、初の小型車、1シリーズを登場させたが、一九年からこれをFFに改め、大きな一歩を踏み出した。

ミニはBMWの先端的な開発を担い、早くも二〇〇九年には

ミニ

EVのミニEを五〇〇台、リース販売や実証実験に提供した。最高速こそ一五〇キロほどだが、時速一〇〇キロに八・五秒で到達するなどミニ・クーパーよりも早く、航続距離二四〇キロを謳った。BMWは二〇二一年、ミニを三〇年代には完全なEVブランドに移行させると宣言している。BMW自身もミニEで得た知見を活かし、後述するEVのi3を登場させた。レトロ回帰は、EVの最先端と表裏一体なのである。

フィアット500e

EVという「カルチャー」

イタリアのフィアット500の先代は一九五七年に登場し、五〇周年を記念して二〇〇七年に再登場した。外観はニュービートルやミニと同様、先代のイメージをうまく踏襲しながら、エンジンや電装は現代的な装備で固められた。

新しいフィアット500は本拠地トリノで組み立てられた「ありがたい」レトロではなく、ポーランドとメキシコの工場から出荷されるが、トリノの工場跡はレストアされ、街全体が歴史遺産を中心に据えながら再生されている。二一年には「カーザ・チンクエチェント（フィアット500の家）」が工場跡の再開発地区の一角にオープンし、歴代フィアット500のみならず、エスプレッソマシンやボトルオープナーなど日常生活のなかの様々なイタリアの工業デザインに触れることができる。

フィアットは二〇二〇年にEV版の500eを発売したが、車種ごとに特徴が出やすいエンジンと異なり、個性が出しにくい電池とモーターを組み合わせたEVを発売するにあたり、同社は歴史的な積み重ね、「味」やカルチャーを前面に出した。トリノの「カーザ」には当然、フィアット500eが先代500と共に展示されている。

昇る中国、WTO加盟

二〇〇〇年代に入り、中国は急速に経済力をつけた。筆者の実感としても、二〇〇二年から五年ほど留学していたイタリアのフィレンツェ市内で、二〇〇五年ごろを境に、中国人観光客が激増したことが記憶にある。

中国の自動車産業は、地方に小さなメーカーが乱立する状態でスタートしていた。八七年にメーカーを「三大三小（後に、三大三小二微）」に集約する政策が打ち出され、第一汽車、第二汽車（後、東風汽車）、上海汽車が大型乗用車を、北京汽車、天津汽車、広州汽車が小型乗用車を担当することとなった。同年に中国政府は部品の国産化を奨励し、九六年に打ち出された第九次五カ年計画（九・五計画）につながった。

九・五計画では一層のメーカー集約、メーカーの最小規模規制、五〇%まで出資を認める外資規制の緩和、部品関税の低減などが進められた。最も重要だったのは、乗用車を自動車産業の中心に据え、個人の自動車所有を奨励したことである。中国が自動車大国を目指した瞬間である。九・五計画の次を見据え、すでに北京JEEPを擁するクライスラーの他、フォード、GMがこぞって中国を目指した。クライスラーは北京汽車、フォードは長安汽車、GMは上海汽車に加え、瀋陽《しんよう》の金杯汽車との合弁に動いた。

「自動車大国を目指す」という目標が具体的プランとなって結実したのが、二〇〇一年に登場した一〇・五計画である。同年一二月、中国はWTOに加盟した。日本も五五年にWTOの前身のGATTに加盟し、六四年にOECDに加入した際、先進国にふさわしい自由化を推し進めたが、中国も（当初は）同様だった。中国は外資導入を継続しつつ、国内保護から国際競争促進へ転換し、技術獲得が目指された。ゴールは、二〇一〇年までに自動車産業を中国経済の戦略産業に格上げすることだった。

戦後日本と中国の大きな違いは、成長の速度だった。当初は二〇〇五年までに乗用車の年間生産目標を一一〇万台と定めたが、計画発表のわずか二年後、目標値が倍増した。七〇年代の電撃訪中により中国の成長に道を開いた晩年の米ニクソン元大統領は、昨今の中国の急成長を指し、「フランケンシュタインを生んでしまった」と後悔を口にした。

いすゞ（GM）が八五年に中国工場を立ち上げたことはすでに紹介したが、ダイハツも早くに中国に参入していた。八六年、ダイハツは天津汽車（後に第一汽車の傘下）に技術供与を行い、シャレード（夏利）を生産した。トヨタは天津工場の隣接地にエンジン生産工場を立ち上げ、二〇〇〇年にはシャレードを引き継いでプラッツをベースにした夏利2000の生産を開始したが、先立つ八八年には瀋陽の金杯客車に技術供与し、九一年から商用ハイエース（海獅）を生産していた。

一〇・五計画発表を受け、トヨタは中国市場に本腰を入れた。二〇〇二年には天津汽車を傘下に迎えた第一汽車との合弁に踏み切り、プラッツ（威馳）の生産を開始した。その後トヨタのラインアップにはカローラ、クラウン、RAV4が順次加わった。

八一年に二輪事業で中国進出を果たしたホンダはその後、広州と天津に工場を開設した。九五年に東風汽車との合弁で四輪事業に参入、九八年には仏プジョー・シトロエンが撤退した広州汽車との合弁に踏み切った。ホンダは型遅れではない現行型のアコードやオデッセイを中国市場に投入し、人気を博した。この影響でVWも「お下がり」な旧型ではなく新型のパサートを投入せざるをえなくなった。なお二〇二一年に国内で生産を終えたオデッセイは、後継が中国工場から日本市場に供給される見込みだ。

ゴーンのリバイバルプランで復活した日産も、二〇〇二年に東風汽車との合弁に乗り出し、ブルーバード、セフィーロ、サニー、マーチを生産し、一気にラインアップを充実させた。初代セフィーロといえば、井上陽水と「くうねるあそぶ」のCMフレーズでバブル期に登場した名車だ。

二〇〇三年、中国の自動車販売台数は四〇〇万台を突破し、ドイツを抜き、米日に次ぐ世界三位に躍り出た。裕福な沿岸部と内陸の農村地域の貧富の差が一〇倍以上開いたとはいえ、富裕層の人口が一億人を突破した。中国政府は一人当たりGDPの低さを根拠に、依然として自らを途上国と定義したが、国全体の大きさでいえば、れっきとした経済大国に成長した。中国の軍事費が日本の防衛予算を上回ったのは、二〇〇一年である。そして中国は二〇一〇年までに自動車生産大国になることを目指し、輸出よりも自国市場向けの供給を自国工場で満たすT2国としての足場固めに入った。

『ワイルド・スピード』と日本車ブーム

中国の自動車産業が離陸した頃、日本では「ゆとり教育」が導入され、個性を伸ばすことを重視する教育と、学力を伸ばす（旧来の）教育の間の是非が盛んに議論された。

日本の「個性」が、日本人の意図しないところで突如、海の向こうで開花することもある。アメリカ西海岸で起きた日本車ブームだ。きっかけは、車好きには言わずと知れた映画『ワイルド・スピード』である。二〇〇一年に初作が公開された後、瞬く間にグローバルな人気シリーズになった。車を走らせたら誰よりも腕が立つ強盗団家族のドム（ヴァン・ディーゼル）と、同じく元FBI潜入捜査官のブライアン（故ポール・ウォーカー）が巨大犯罪組織に立ち向かう物語だ。

数々登場する車たちも演者とならんで主役の『ワイルド・スピード』シリーズでは、ドムが七〇年代のダッジ・チャージャーをはじめ、アメリカのマッスル系スポーツカーを愛用し、ブライアンは日本車、特に歴代スカイラインGT-Rやトヨタ・スープラを愛用している。ウォーカーはシリーズ七作目『スカイミッション』の公開直前、二〇一三年に事故死し、ファンから惜しまれた。シリーズにはハン（サン・カン）という名前のアジア系のメンバーも登場するが、彼の愛車としてマツダRX-7やレクサスLFAが登場する。

狙ってマーケティングをしたわけではないのに、なぜ日本車ブームが起きたのか。これにはアメリカの法律、そして移民社会が深く関わっている。通称「二五年ルール」と呼ばれる規制により、生産から二五年経った「旧車」は、排ガス規制やABS、エアバッグの装備義務など安全基準を免除されるのである。この規制は元々ベンツがアメリカ市場に並行輸入車を流入させないためにアメリカ政府に働きかけて八〇年代に実現した法律だった。第三章で紹介したとおり、至極な和製スポーツカーがバブル期に数多く生まれた後、この規制の適用を待ちかまえていたように、ブームが起きたのである。アメリカは右側通行・左ハンドルだが、右ハンドルの日本車も問題なくナンバープレートを取得できた。

ブームが到来したもう一つの要素は、移民社会である。アメリカでもイギリスでも、二〇年以上前の日本車を大事に乗っているのは、筆者の見たところアジアやアフリカ、中東などから来た移民の家族たちが多い。『ワイルド・スピード』の主人公、ドムも中南米系の移民家族であり、家族愛の強い敬虔なキリスト教徒として描かれている。そして初作でドムの相棒は、エンジンや足回りなどフル改造の白いホンダ・シビック・フェリオだ。父母が中古で買った日本車のファミリーカーを、息子・娘世代が免許取得直後にタダで譲り受け、フル改造・全塗装(昨今はラッピング)するから、日本車が多いのである。日本車は庶民の味方であり、それゆえに大化けしたのである。

レストア・ビジネスの隆盛

市場における環境意識が変わることで、自動車メーカーの顧客認識も変わってきた。バブルが崩壊した直後に社会人デビューした筆者の世代は、未だ昭和の価値観が色濃く残っており、新車を買って車検を一、二回通したら次は新車に買い替え、と相場が決まっていた。現在のように新車の一回目の車検は三年後ではなく、全て二年ごとだったため、四年ほどで次の車に乗り換えていたということになる。現在は品質が向上していることも手伝い、世帯当たりの車の平均保有期間は七年から一〇年ほどに延びている。

三〇年から四〇年前のファミリーカーを今も大切に乗り続けるのは、資金のみならず、廃版になった部品の入手に知恵と人伝《ひとづて》、忍耐を要する。しかしこれまで紹介してきた一部の名車たちに限り、近年はメーカー自らが廃版になった部品を復刻販売したり、車両を引き取って全面的にリフレッシュするサービスが徐々に広がってきている。名車を長く乗り続けるための、レストア・ビジネスである。

アストン・マーチンDB5

レストア・ビジネスを広く世間に知らせることになったのは、映画『007　スカイフォール』に登場したアストン・マーチンDB5だろう。イギリスはここでも、「最先端の何か」でしたたかな挑戦をしているのである。かつてはショーン・コネリー扮する007が『ゴールドフィンガー』（一九六四年）で駆ったボンドカーがDB5だったが、ダニエル・クレイグ扮する007の愛車として二〇一二年に『スカイフォール』で復活登壇した。DB5は一九六三年から六五年の間、一〇〇〇台ほどしか販売されていない稀少車であり、銀色は四〇台限定だった。

007『スカイフォール』に登場したDB5はアストン・マーチン・ワークスという、メーカー直営のレストア拠点で再生された車両だった。二〇〇七年に役割を終えたニューポートパグネル工場は、アストン車の車両メンテナンスを行う施設に鞍替えし、二〇一三年に修復・復活した車の販売も手掛けるアストン・マーチン・ワークスとなった。世界中から依頼が舞い込むレストア作業の定価は一台一律で約六三〇〇万円であり、車体、エンジン、本革のシートなどを全て生産当時と同じ状態に戻すことに徹底的にこだわる。こうして流通価格が約一億円のDB5は、レストア後に倍以上の価格で取引されるという。

これはお金持ちの世界の話であり、自分には関係ない、と思う方も多いと思うが、いいもの、古いものを大切に使い続けるのはエコなことでもあり、イギリス人のみならず、日本人も本来は得意なはずである。日本ではトヨタ・スープラ、日産スカイラインGT-R、ホンダNSXが、製造したメーカー直々のレストアを受けられるようになってきた。こうした文化が一部のスーパーカーだけでなく、社会全体で様々な車種に広がることを願ってやまない。

二〇〇六年——脱炭素元年とハイブリッド・スーパーカーの登場

脱炭素、いわゆるカーボンニュートラルに向けた取り組みは二〇二一年一〇月から一一月にかけ、イギリススコットランドのグラスゴーで開かれたCOP26で加速した。元をたどれば、九七年の京都議定書まで戻る話であり、二〇〇五年二月に議定書は無事発効した。その後、地球温暖化対策は、欧州勢が先頭に立ち、EUは域内排出量取引制度を始動した。

世界の温暖化対策を方向づけたのは、二〇〇六年にイギリス人経済学者ニコラス・スターンがまとめた「スターン報告」だった。報告書は「気候変動は過去最大の「市場の失敗」」と断じ、この問題を無視すると経済成長を阻害するため、世界各国が対策を採るよう勧めた。イギリスをはじめとするEU諸国は以降、温暖化対策を一層加速させ、二〇一五年のCOP21パリ協定へ結び付けていく。

この間、日本も環境保護をさぼっていたわけではない。古くは一九九五年から廃棄物処理法に基づき、タイヤ交換をする際の廃タイヤ処分料を徴取し、リサイクルが難しいタイヤの処分対策に充ててきた。日本では年間、約三六〇万台が廃車になっているが、二〇〇二年に自動車リサイクル法が制定され、廃車のカーエアコンからフロンガスを回収するなど、総重量のうち八割近くをリサイクルし、残り二割を破砕処理している。

NSX

二〇〇五年といえば、日本の稀少なスーパーカーだったホンダNSXが排ガス規制の強化に抗えず、生産が打ち切られた年だ。ホンダは二〇〇〇年から再びF1にエンジン供給で参戦し、二〇〇八年、後述するリーマン・ショックを受けて撤退、その後、二〇一五年から二〇二一年に再びF1に参戦した。こうした蓄積を生かし、二〇一六年にようやく登場したのが、ハイブリッドとなった二代目NSXだ。三・五リッターのV6エンジンにアシスト・モーターが一基付き、さらに前輪には左右それぞれモーターが付き、車が曲がっていく方向に向けて駆動力を送る、新しい時代のスーパーカーだ。

対するフェラーリは二〇一三年、初のハイブリッド車ラ・フェラーリを発表した。八〇〇馬力を発生する伝統のV12エンジンに一六三馬力のモーターがアシストで加わり、最高速は三五〇キロに達する。次のブランド・イメージの核に据えるべく、フェラーリはさらに一九年、F1で培った技術をフィードバックしたSF90ストラダーレを登場させた。V8エンジンにモーター三基を組み合わせ、合計一〇〇〇馬力以上を発揮するハイブリッド・スーパーカーである。

iPhoneの登場とカーナビの衰退

今となっては生活必需品となったスマートフォン（スマホ）だが、初代iPhoneがアメリカで発売されたのは、二〇〇七年六月だった。アップルの創業者スティーブ・ジョブズは、「電話を再発明した」と称した。二〇〇八年七月、日本を含む二二地域でiPhoneが発売された。第三世代移動通信システム（3G）に対応し、GPSを搭載、色はホワイトとブラックの二種類、容量は8GBと16GBが用意され、ソフトバンクから発売された。

当初日本では「さして目新しい技術はない」と、iPhoneを見下す評すらあった。だが現在地の把握から経路案内、運転中の音楽やニュース配信の視聴などまで可能なスマホの登場によって、日本が世界に誇ったカーナビは、もはや特別な存在ではなくなってしまった。

筆者はiPhoneが登場した当時、初代ホンダ・フィットの中古車を本体五〇万円で買い、新品のメーカー純正カーナビを一五万円で付け、雪道の融雪剤で汚れた車体を指し「本体よりもナビの方が資産価値が高い」と言って周囲の笑いをとっていたが、三年後には冗談として成立しないくらい、カーナビに取って代わるアプリが次々と現れはじめた。同車の名誉のため付言すれば、高速道での長距離移動が主体だったとはいえ、走行距離二八万キロまで大きな故障なく元気に走った。海外での日本車に対する信頼の厚さの理由を、自ら実感することとなった。

世界中で信頼される製品を作れる一方で、なぜ日本は技術力があるのにスマホやルンバを生み出せなかったのか、議論がある。ちょうどこの頃、二〇〇五年一月に東京高裁で青色LEDの発明の対価をめぐる裁判の和解（二〇〇億円の請求に対し、八億四三九一万円の支払い命令）が成立した。青色LEDを発明した赤﨑勇、天野浩、中村修二はその後、二〇一四年度ノーベル物理学賞を受賞した。日本はブレークスルーを起こす人材を生み出せるが、その次の一手が、人事においてもアイディアにおいても出ないようだ。

和製スーパーカー第二章

二〇〇〇年代後半、日本勢で気を吐いたのは、日産だった。

一九九九年に「コスト・カッター」カルロス・ゴーンを迎え、「贅沢品」である日産フェアレディZやスカイラインGT-Rが切り捨てられるのか、と当初は心配された。しかしゴーンは新生Zを二〇〇二年に登場させ、コスト削減だけではない車づくりを打ち出した。Zは〇八

GT-R

年にモデルチェンジするが、その前年に復活したのが、日産GT-Rだ。正確には、伝統の直6エンジンを積んだスカイラインGT-Rとしての復活ではなく、スポーツ・セダンであるスカイラインを別モデルとして切り離し、純粋なスポーツカー、否、スーパーカーGT-Rとして、新生スタートしたのである。

三・八リッターのV6エンジンは横浜工場で職人の手で組まれ、各号機には職人の名前がプレートに刻まれる。完成車の組み立ては栃木工場だが、スカイラインと一緒のラインで組み立てられる。これは価格を抑えたいゴーンの意向であり、サラリーマンがぎりぎりローンを組んで買える飛び道具が七七七万円(初代)で提供された。英『トップ・ギア』誌のGT-R評は、無慈悲に速く、ライバルとなる(フェラーリ、ランボルギーニ、ポルシェなど)スーパーカーを喰らうポテンシャルがありながら、一回り以上廉価、というものだ。最高時速は三四〇キロ近くに達する。

GT-Rはエコに逆行しているようにしか見えないかもしれない。しかしF1、WRC、ル・マン二四時間耐久レース、サファリ・ラリーなど、「非エコ」に見えるどの世界選手権も技術の最前線を開拓しているのであり、燃費しか追求していないように見えるハイブリッド車の技術も、レースの現場で磨かれた先端技術が降りてきてこそ燃費が向上する。その後、日産はEVを武器にフォーミュラEに、トヨタはハイブリッドを武器にル・マン二四時間耐久レースに挑戦するのである。

リーマン・ショックとGMの首位陥落

二〇〇八年九月、アメリカの投資銀行リーマン・ブラザーズがアメリカ史上最高の負債総額で経営破綻し、瞬く間に世界的な金融危機となった。ドル安円高のせいで輸出が冷え込み、日本は景気後退に飲み込まれていった。日本車よりも影響が深刻だったのが、米ビッグ3だった。

二〇〇〇年代になり、ハリウッド・セレブたちがこぞってハイブリッド車に乗り換えるなか、ビッグ3は時代の流れに抗うように伝統的な大きいアメ車を作り続けた。しかし売れ行きが芳しくなく、GMは次々に海外の提携先を切りはじめた。二〇〇五年にスバル株をトヨタに売却し、〇六年にいすゞとの資本提携をトヨタに譲った。なお同年にGMはスズキ株も売却し、スズキはVWとの提携が取り沙汰されたが、一五年に解消、同年に名物社長、鈴木修も退任している。

GMは傘下のサーブが経営破綻し、ついに〇九年六月、アメリカ製造業史上、最多の負債総額で経営破綻した。GM株の六割をアメリカ政府、四割をカナダ政府と労組（UAW）が保有する、国有企業として再出発した。リーマン・ブラザーズと並び、「大き過ぎて潰せない」ことの賛否がアメリカで盛んに議論された。先述したバーラ女史が社長に就任するのは、アメリカ政府が保有株を全て売却して債権を回収した直後の、二〇一四年初である。

二〇〇七年当時、GMは世界自動車販売台数でかろうじてトヨタを抑えて首位を死守していたが、リーマン・ショックが襲った〇八年、ついに首位陥落した。七七年ぶりの陥落は、自動車史の大きな一章の終わりであった。GMをはじめアメリカ勢の衰退を見て、自由化よりもむしろ国家による規制と徹底した国家支援に自信を深めたのが、上り一本調子の中国だった。

トヨタのF1参戦

二一世紀に突入した当初は、エコの時代が来た、日本車の時代が来た、という空気があった。だが二一世紀の最初の一〇年の後半になると、日本がグローバルな最先端から置いていかれるようになった。風向きを反転させる試みを、トヨタのF1参戦とアメリカでのリコール「問題」をとおして振り返ろう。

『トヨタ・モータースポーツ』のホームページによれば、F1参戦の決断は一九九九年、奥田碩《ひろし》社長まで遡るものであり、新しく登場したハイブリッド車の売り込みと同時期だった。パナソニック・トヨタ・レーシングは、WRCやル・マン二四時間耐久レースに参戦するための拠点だったドイツのケルンを本拠地とした。八〇年代にホンダがF1に参戦したときのように、通常、自動車メーカーが参戦するときは、経験豊富なコンストラクター（八〇年代のホンダの場合はマクラーレン）とタッグを組むのが普通だ。トヨタはイチから自らF1参戦チームを創設するという、新しい大きな挑戦に出たのである。

二〇〇二年に初参戦した際のマシンTF102は、三〇〇〇ccのV10エンジンが八三五馬力を発生し、車重は六〇〇キロだった。昭和の時代の軽自動車ほどの車重に、軽のエンジンを一二基ほど積んだような怪物である。初年度は苦戦するかに思われたが、開幕戦のオーストラリアGPで六位に入賞した。当時参戦チームのなかでも屈指の予算を誇り、二〇〇五年にミハエル・シューマッハの弟、ラルフがチームに加入して過去一番の戦績を残した。マレーシアGP、バーレーンGPで二位となり、チームに初の表彰台をもたらした。日本GPでは予選最速、本戦をポールポジション（先頭の一番枠）からスタートし、チームを年間コンストラクター四位に押し上げた。

二〇〇九年シーズンが終了した後の一一月、その五カ月前に社長に就任したばかりの豊田章《あき》男《お》は会見を開き、コスト削減とエコカーの開発に専念するとし、F1撤退を発表した。前年には二〇〇〇年から再参戦していたホンダも撤退していたが、背景には二〇〇八年九月に端を発するリーマン・ショックと世界的な金融危機があった。二〇〇九年の日本GPではヤルノ・トゥルーリが二位で完走し、初めて日本GPで日本のメーカーが表彰台に上ることになったのだが、トヨタは同年に五九年ぶりの赤字を計上していた。撤退会見でF1チームの責任者は、「（環境を重視した）プリウスだけのレースがワクワクするかと言えば、そうではないと思う」

と悔しさをにじませた。「その」プリウスで培ったシステムを武器に、トヨタはル・マンで他日を期すこととなる。

トヨタのF1参戦は、唯一無二の鬼子を産み落とすことになった。撤退直後、二〇〇九年の東京モーターショーでお披露目された、レクサスLFAである。ヤマハと共同開発したエンジンはF1と同じV10で、排気量こそ拡大された四八〇〇ccだが、最高出力は五六〇馬力と、TF102に近い。車重を徹底的に軽くするため、車体は豊田自動織機と共同でカーボン（炭素繊維）で開発され、元町工場の職人たちの手で一日一台、組み立てられた。

LFA

LFAは二〇一〇年から二年間、わずか五〇〇台が生産され、三七万五〇〇〇米ドル、国内では三七五〇万円で発売された。最高速度三二五キロを誇り、見た目も性能も圧倒的なLFAは、当時F1のトップ・ドライバーだった英ルイス・ハミルトンに「最も欲しい車」として指名された。すでに生産を終えて一〇年経つが、レクサスのホームページには今も「Fシリーズの頂点」としてLFAが掲載されている。極上のコンディションの中古車は、アメリカのオークションで七八万米ドル（八五〇〇万円）で落札されている。

米リコール問題

二〇〇九年六月に就任した豊田社長に対し、アメリカが用意した洗礼は強烈だった。突如として浮上した、プリウスをはじめレクサス車も含む大規模な「リコール問題」である。二〇〇九年はプリウスが三代目に世代交代した年であり、前年に国内最多販売台数（軽を除く）を誇ったホンダ・フィットを抜き、一九九七年のデビュー以来、初めて国内首位を勝ち取った年だ。

発端は、カリフォルニア州でレクサス車が急加速して死傷事故を起こしたことだった。事故原因は、規定通りに固定されていない床マットがアクセルペダルに引っ掛かって急加速を起こした、と結論付けられたが、他の車種ではアクセルペダルの戻りが悪い事例について、リコールに発展した。機械的な問題ではなく、電子制御のプログラミングの問題との指摘も出て紛糾し、二〇一〇年二月、豊田社長は米議会公聴会に呼び出された。米運輸省にNASAまで加わった調査の結果、最終的に電子的な欠陥は見つからず、急加速のほとんどは運転者のミス（踏み間違い）と判明した。

いま振り返ると、プリウスのリコール問題はある種の「煙幕」だったように見える。二〇一〇年、アメリカのオバマ政権は意を決してTPP交渉（次項を参照）に参加した。中国製品を締め出せ、日独に対して高関税を復活させろ、という声をすくい上げて煽り、二〇一七年一月にトランプ大統領が登場するのである。

プリウスの名誉のため、米『コンシューマー・レポート』二〇一一年の検証記事を紹介したい。二〇〇二年製で三〇万キロ以上走ったプリウスは、一〇年前に計測した走行三〇〇〇キロ弱の同型プリウスと比べ、バッテリーの劣化はほとんど見られず、実測燃費も僅かに低下したに過ぎなかった。

TPP、日本車の再起

環太平洋パートナーシップ協定（TPP）の原型は、二〇〇二年にチリ、シンガポール、ニュージーランドが交渉を開始し、〇五年にブルネイを加えて署名され、〇六年以降に順次発効した通称P4協定である。少数国の間で一層の貿易・投資などの自由化と透明性の高いルールを目指した。

このP4協定に目を付け、高い次元の貿易ルールを成長著しい中国に対する包囲網として使い、中国を牽制、「教育」しようとしたのが、米オバマ大統領だった。WTOに加盟し急速に豊かになった中国が「近いうちに自由化・民主化する」との西側諸国の期待に反し、中国は経済が成長するほどにむしろ国家管理を強化するようになった。そして経済力を、軍拡に注いだ。

二〇一〇年三月、アメリカ、豪州、ペルー、ベトナムがTPP加入交渉に加わった。自動車や部品の関税低減・撤廃と国家規制に関する不透明性の排除は、アメリカ工場やアジア諸国、中南米の工場で完成車を組み立てる日系メーカーにとってメリットが大きかった。アメリカの参加をみて、日本もすぐに動いた。同年一〇月、民主党の菅《かん》政権はTPPへの参加を公式に検討すると発表した。交渉への公式な参加は第二次安倍政権の下で一三年七月に実現し、一五年一〇月に交渉が妥結、翌一六年二月に一二カ国がTPPを署名した。日本は一七年一月に国内手続きを終え、最初のTPP締結国となった。

同じ一月に米大統領となったトランプは、大統領執務室に入ったその日にTPPを離脱する覚書に署名し、月末にアメリカがTPPから離脱した。ここで日本はおそらく戦後初めて、アメリカの意に反する大きな決定を下した。アメリカが抜け、アメリカへの輸出機会を失って落胆するアジア太平洋諸国に対し、日本は「TPPを死なせない」と説いて回り、残った一一カ国の交渉をリードし、後継の環太平洋パートナーシップに関する包括的及び先進的な協定（CPTPP）を二〇一八年三月に署名に至らしめた。

一八年一二月に発効した同協定による経済効果は、外務省の資料（二一年一二月）によると実質GDP約一・五％の押し上げ（約八兆円相当）、労働供給約〇・七％（約四六万人）増加とされている。アメリカを入れた一二カ国ではそれぞれ約二・六％（約一四兆円）、約一・三％（約八〇万人）とされており、アメリカが抜けた穴は小さくない。同時期に結ばれた日EU経済連携協定（EPA）が「（日本）自動車vs（欧州）ワインとチーズの取引」と呼ばれたとおり、日本は自動車（部品も含む）と電機において相手国・地域の関税撤廃を勝ち取るため、農産物市場を部分開放する取引に応じたのである。

第二章で紹介したとおり、一九七八年に日本が輸入車の関税をゼロにして以来、三〇年以上を経てようやく米欧諸国が日本車（と部品）に課す関税を順次撤廃に追い込んだのである。

二〇一一年三月一一日、東日本大震災

日本車を一層元気に、という矢先に日本を襲ったのが、3・11だった。東日本大震災による死者・行方不明者は一二都道県で死者一万五八五九人、行方不明者三〇二一人（二〇一二年、警察庁）に上り、一九二三年の関東大震災、一八九六年の明治三陸地震に次ぐ、甚大な被害をもたらした。行方不明者はなお二五二三名（二〇二三年、警察庁）と発表されている。様々な復興支援が行われ、トヨタは東日本大震災をきっかけに二〇一二年、「トヨタ第三の製造拠点」としてトヨタ自動車東日本を宮城県大衡《おおひら》村に設立している。

3・11は日本の自動車産業のみならず、世界の自動車産業に影響を及ぼした。国内では五〇〇社近いサプライヤーが被災し、犠牲者も出た。

グローバルなサプライチェーンにも影響が出た。一例として、自動車制御用マイクロコントローラ（マイコン）で約四割のグローバル・シェアを誇ったルネサスの那珂《なか》工場が被災し、この不可欠な部品が届かないことでグローバルに自動車生産が停滞した。

矢崎総業は自動車ハーネスのグローバルな大手だが、栃木工場、宮城工場などが被災し、海外のメーカーにも影響が及んだものの、一週間後に稼働可能に戻った。ハーネスとは、人体で

いう神経系のようなもので、車の隅々まで張り巡らされている電気系のことである。バッテリーの正極から出て、エンジンへの点火と発送電、運転席のパネル表示、室内照明、ヘッドライトやウインカーの点灯、空調など全てをつなぎ、最後はバッテリーの負極に戻る。同じ車種の同じ位置にあるスイッチであっても、最上位モデルと廉価版では指示内容が異なることがあり、職人の技を要するのである。

サプライチェーンに不可欠な道路の早期の復旧は、被災地で暴動や略奪が起きないことと併せ、世界から称賛された。NEXCO東日本管内で二〇路線、八五四キロにわたり高速道路で被害が発生したが、翌一二日には仮復旧を終え、緊急車両が通れるようになった。関東で最も大きな被害が発生した常磐道も、六日後にスピード復旧した。

3・11により、車の使い方、車への人々の期待の寄せ方にも変化が起きた。被災地が停電し、全国的に計画停電が実施されるなか、巨大なバッテリーを積むEVが非常時の家庭電源として注目された。EVである日産リーフと三菱アイミーブをはじめ、家庭用電源ソケットを装備したプラグイン・ハイブリッド車（PHEV）や、同じく家庭用電源を出力できるHV車が電力復旧まで活躍した。かつて戦後まもない時期、日産車を指し「医者のダットサン」と呼ばれたが、電力が復旧していない被災地の病院でもリーフが電力源として活躍した。

先述のとおり、三菱アイミーブと日産リーフが震災前に登場した意義は大きかった。一一年八月、日産と三菱はEVから家庭に電力を供給する規格の統一に取り組むことを発表した。それまではメーカーを超えた互換性がなかったのである。

韓国勢の日本上陸と、再上陸

日韓関係は今も昔も国際関係の鬼門の一つだ。韓国勢は日本市場でずいぶん苦労した。二〇〇三年の『冬のソナタ』をきっかけに韓流ドラマが流行し、韓国車の輸入は三菱車の弟子の逆上陸ともいえる状態だったが、売れ行きは芳しくなかった。韓流ドラマのファンは、お父さんが乗るようなフルサイズのセダンが欲しいわけではなかったし、それが韓国ブランドである必要もなかった。現代《ヒュンダイ》はその後、日本から一旦は撤退した。

反対に北米、欧州、そして世界各地で堅調だった日本勢も、韓国市場で苦労した。韓国人からすれば、現代をはじめ自国メーカーのラインアップが充実しているなかで、せっかく輸入車を買うなら（日本車ではなく）独仏伊ブランドがいい、という発想になる。一人、気を吐いたのが日産キューブだ。日産は二〇一一年のソウル・モーターショーにリーフとキューブを出展、現地テレビ・ドラマの影響で、唯一無二のデザインのキューブが人気となった。キューブは名前のとおり四角いデザインで愛嬌があり、後ろから見ると左右非対称でハッチが（上下ではなく）右開きするなど、「日産らしからぬ」非保守的な出で立ちだった。その後、二〇一九年に日本製品不買運動が吹き荒れ、日産は翌年、韓国から撤退した。

そんな状況下で、二〇一三年に話題となったのが、被災地三陸を舞台にしたＮＨＫの朝ドラ

『あまちゃん』に登場する個人タクシーに、現代グレンジャーが使われたことだ。日本に住んでいると気づかないが、韓国車はアジア各国をはじめ、世界各地で「手堅いチョイス」として日本車を押しのけて根付いており、特にタクシー車両で顕著だ。筆者が訪れた際のシンガポール市内のタクシーは、二種類だった。真新しい綺麗な車両は現代ソナタで、稀に日本で見慣れた車が来た、と思ったら、少々やれたトヨタ・クラウン・タクシー、という具合だ。

韓国車は、今後も日本で売れないのだろうか。中国からのインバウンドが増えるにつれ、観光バス業者が韓国製のバスを導入しはじめており、現代はEVバスの普及期に捲土重来《けんどちょうらい》を期していると言われている。無論、バスやトラックなどの大きな長距離輸送車はEVが適切なのか、それとも充填時間がガソリン車・ディーゼル車並みに短いFCV（水素）なのか、という問題はあり、この点は後述したい。

二〇一五年――COP21パリ協定と脱炭素競争の幕開け

二〇一五年といえば、ラグビー日本代表が南アフリカ、サモア、アメリカを相手に歴史的な三勝を挙げた、ワールドカップを思い出す方が多いだろう。同時に二〇一五年は、世界史のちょっとした転換点だった。第二次世界大戦終戦七〇年、国連創設七〇周年、WTO創設二〇周年であり、日本に関係するところでは、日韓国交正常化五〇年、プラザ合意三〇年、阪神・淡路大震災二〇年などである。車に関しては、トヨタ・クラウン販売六〇周年だった。

そして自動車業界にとって大きなイベントは、脱炭素への取り組みの本格化を促すパリ協定の締結と、VWの排ガス不正事件である。順番に見ていこう。

一九九七年の京都議定書以降、各国の同意が得られないため、国際的な温室効果ガス排出量の削減目標が採択されない状態が続いた。まもなく二〇年経とうかというときにようやく採択されたのが、二〇一五年一二月のパリ協定だった。

京都議定書は先進国のみが対象だったが、パリ協定は二〇二〇年以降の地球温暖化対策の国際的な枠組みで、先進国も途上国もすべての国が削減目標の対象となったことが画期的だった。世界の平均気温上昇を産業革命前と比較して二度未満に抑えることを目標に、各国は一・五度に抑える努力を追求することとされた。今世紀後半に世界全体の温室効果ガス排出量を実質的にゼロにすること、「脱炭素化」が目標として掲げられた。

日本はEUのように発電におけるCO_2削減に踏み込まず、EUよりも消極的との印象を与えた一方、量産型のFCV、トヨタMIRAIとホンダ・クラリティが世に送り出されたのが、このパリ協定の前後だった。そしてエコに積極的な欧州にとって致命的だったのは、VWの排ガス不正だった。

VWディーゼルゲートと堀場製作所

日本勢のハイブリッド車に押され、同様のハイブリッドの投入が遅れた欧州勢、特にドイツ勢には焦りがにじんだ。後出しじゃんけんをした挙句に、日本車より燃費が悪いのでは立場がない。ピエヒ会長を頂点としてVWが編み出した苦肉の策が「クリーン・ディーゼル」だった。

特に最大の輸出市場である北米でトヨタの後塵を拝するわけにいかない。だが、ディーゼルの排気をクリーンにするのは、並大抵ではない。ディーゼルはガソリン・エンジンよりも二酸化炭素（CO_2）の排出が少ない。しかし燃費を良くしようとすると燃焼温度が上がって窒素酸化物（NO_x）の排出が増え、これを減らすために燃焼温度を下げると、今度は粒子状物質（PM）の排出が増えるのである。

そこで編み出されたのが、車が自動的に「排ガス検査中」かどうかを判断し、そのときだけ排ガスをきれいに排気する、つまり出力を抑えてエンジンを回す、不正なプログラミングである。検査場では車を大きな検査機に固定して測定するため、ハンドル操作が一切ない。その状態を検知すると車が自動で「クリーンな検査モード」でお行儀よくエンジンを回し、（公道に出て）大きなハンドル操作が行われた瞬間に通常モードに戻し、パワフルに出力する仕掛けだ。

二〇一五年九月、米EPAがVWによる大規模な排ガス不正が行われていたと発表した。この不正を告発したのは、カリフォルニア州でVW、BMW等のディーゼル車を走行しながらテストした西バージニア大学の大学院生たちだった。堀場製作所が開発した検査機は、計測対象の車に積んで走りながらその車の排ガスを測定できる「小型」のものであり、車内でホンダの発電機によって駆動していた。走行状態での測定値は、規制値の三〇倍以上だった。日米でディーゼル車の割合は高くないが、ＶＷの故郷である欧州では五割以上の販売車がディーゼルだった。

検査機によって世界的に名を馳せた堀場製作所だが、堀場厚社長は社員に対し、「（ＶＷの件を）セールスプロモーションに使ってはいけない」と厳命した。部品サプライヤーであり京都企業でもある同社は、短期的な利益よりもメーカー各社との長い関係を維持することを重視した。電装をＶＷに供給したボッシュは、あくまでもテスト用の商品であり、公道上で使用したら違法とＶＷに説明した、としている。

告発を受け、ＶＷと傘下のアウディはおろか、ベンツやＢＭＷなど他のドイツ車までもが、世界各地で再検査を受けることとなった。そして不正車両を世界で一一〇〇万台近く販売したＶＷに対し、各地で訴訟が起こされ、ＶＷは一五年、創業以来最大の赤字を計上した。二〇二一年六月時点で三〇〇億ユーロを超える罰金や賠償金を支払っている。

転んでもタダでは起きないＶＷ

クリーン・ディーゼルで失敗したＶＷは、決断が早かった。二〇一六年、ＥＶへの転換を決意し、二〇二五年までにＥＶを三〇車種以上投入すると発表した。ＥＶへの転換は、充電に使う電力が石炭頼みだったドイツでは、必ずしもエコな取り組みとは見てもらえない欠点があった。ＥＵによる電力自由化と隣国からの輸入、太陽光や風力発電の普及も効いたが、ドイツが石炭火力に見切りをつけたのは、ＶＷがＥＶへの転換を決意した直後だった。

ＶＷは二〇一六年、パリモーターショーで「ＩＤ．」コンセプトを発表した。初めてＥＶ専用の車体を開発し、ＶＷの発表によると航続距離は四〇〇から六〇〇キロ、最高時速一六〇キロ、出力一七〇馬力、時速一〇〇キロ到達八秒、二〇二〇年に発売予定とされた。加速性能以外はゴルフどころかポロに及ばないが、ＶＷは「ＩＤ．」によってｅモビリティ、いわゆるＣＡＳＥ（コネクテッド、自動運転、シェア、電動化）を謳った。ＣＡＳＥという言葉も二〇一六年のパリモーターショーで登場した言葉であり、ベンツのＣＥＯディーター・ツェッチェが使って以降、浸透した言葉だ。後ほど詳しく紹介したい。

二〇一七年、ＶＷは初めてトヨタを破り、販売台数グローバル首位となった。一九年八月、フェルディナント・ポルシェの孫であり、不正の中心にいたフェルディナント・ピエヒ前会長が亡くなったが、ＶＷのＥＶ販売台数は瞬く間にＥＵ域内で先行する米テスラを上回り、二一年に首位となった。まもなくＶＷグループからはＰＨＥＶのゴルフやｅ－ゴルフをはじめ、後述するアウディ e-tron などが登場するが、「ＩＤ．」シリーズ初となる量産車、小型ハッチバックＩＤ．３の登場は二〇二〇年である。

第六章　失われた四〇年か、ブレークスルーか
――テロとの戦い、気候変動、コロナ危機

日本版ビッグ３の誕生――トヨタ、日産、ホンダ

ビッグ３といえば、ＧＭ、フォード、クライスラーのことであり、自動車史を常にリードしてきたアメリカの三大メーカーのことである。これに対し、アメリカの半分以下の人口しかない「小さな市場」に大きなメーカーが八社ひしめく日本は、稀有な国である。

すでにいすゞ、ダイハツ、スバル、スズキについては第二章と第三章でトヨタに接近したことを紹介したため、ここでは三菱とホンダについて見ていきたい。三菱はかつてクライスラーとの関係が深かったが、ダイムラー・クライスラーと資本提携した二〇〇〇年と〇四年にリコール隠しが発覚し、二〇〇五年に提携を解消した。その後、三菱グループの下で再建を目指し、初のＥＶアイミーブを登場させた〇九年に仏プジョー・シトロエンと提携した。

しかし欧州では、かつて技術供与した現代《ヒュンダイ》に市場を奪われて工場を閉鎖し、一一年に日産

との間で軽自動車を共同開発する合弁をはじめ、ｅＫワゴン／日産デイズを送り出した。一六年四月、日産側に燃費データの不正を告発され、万事休すと思われた矢先、ルノー・日産アライアンスを指揮するカルロス・ゴーンの即断で、五月に日産が三菱の株式三四％を取得すると電撃発表し、ルノー・日産・三菱連合が誕生した。日仏アライアンスは二〇一〇年以降、ロシアのＡｖｔｏＶＡＺ《アフトヴァーズ》も傘下に収め、グローバル・シェア一〇％、グローバル四位を維持していた。ゴーンは〇四年に藍綬褒章を授与され、一四年には欧州自工会の会長に就任するなど、キャリアのピークを迎えた。しかし一八年一一月、ゴーンは金融商品取引法違反の容疑で代表取締役（当時）のグレッグ・ケリーと共に逮捕、起訴され、一年後にレバノンに密出国した。

　これに比してホンダは九四年に英ローバーとの提携を終えるなど独立独歩に歩んできたが、二〇〇六年にプライベート・ジェット機の開発を発表するなど、航空エンジンのＧＥをはじめアメリカ航空機産業との関係を深めた。自動車ではＧＭとの間で提携と解消を繰り返し、一九九九年にエンジンと変速機、二〇一三年に後述するＦＣＶ、一八年にＥＶバッテリーと自動運転技術を経て、二〇年にＧＭとのＥＶの共通化、過半の部品が同じＥＶを売ることで合意した。

　ホンダとＧＭは日米連合と呼ぶことができよう。対して日産は日欧連合、あるいは日仏亜連合である。そしてトヨタを中心とするグループは、オール・ジャパン連合だ。こうして、日本版「ビッグ３」が誕生した。

EVスタートアップ――EVトゥクトゥクとアウディe-tron

ここまで、VWディーゼルの躓《つまず》きとEVへの一大転換、そして日本版ビッグ3の誕生について眺めてきた。次に、EV化するアジア諸国の庶民の交通手段について見てみよう。

インドではリキシャー、タイをはじめ東南アジアではトゥクトゥクと呼ばれる三輪タクシーについて第一章で紹介した。庶民のアシとして長く活躍してきたが、近年は排ガス規制の壁に阻まれ、営業できないケースが出てきている。エンジンは二ストであり、エンジンオイルをガソリンと一緒にエンジンに送り込んで燃やすため、部品点数が少なく整備も容易だが、白煙をモクモクと吐きながら走る。当然のように燃費は悪く排ガスも汚いが、タイヤは原付と同じ小さな径のものを使うため、維持費用が格段に安い。

そんな貴重なリキシャーを二一世紀に存続させるため、EV版が開発された。一例としてEVランドはEVトゥクトゥクを六六万円（二〇二一年現在）で販売している。屋根があるにもかかわらず重量は二〇〇キロ弱と大型二輪並みに抑えられており、一回の充電で八〇キロ弱、ロングレンジのバッテリーなら倍の航続距離を誇る。価格の大きな部分を占めるのはリチウムイオン電池のコストだ。コバルトなどレアメタルを使っているため、企業努力でコストを削減するにも限界がある。

本場タイのエネルギー省は二〇一七年、登録されている二万台あまりのトゥクトゥクを二〇二五年までに全てEV化すると発表した。二〇〇〇年代後半から天然ガス版が登場したが、これも全てEV化を目指す。前年から充電ステーションの整備も進み、首都バンコクに一五〇基が設置された。決断の速さを見習いたいものである。ホンダはインドでリキシャーのバッテリーのシェア・サービスを導入しており、アジア諸国でのEV転換を後押ししている。

EVトゥクトゥクへの意外な新規参入は、高級車アウディである。アウディはVWグループの高級車部門の一つとして、スポーツカー部門のポルシェと並び、EVの投入に積極的だ。アウディe-tronは二〇〇九年に発表され、実車の登場は二〇一八年だが、e-tron GTはポルシェ初のEVであるタイカンと同じ車体を共有している。二・五トン近い車体を駆動するため、e-tronはハイブリッドのファミリーカーに搭載されるバッテリーよりも強力で大型なものを積んでおり、その車種には性能劣化して使えなくなっても、再利用すれば十分な性能を発揮できる。アウディはこれをEVトゥクトゥクに再利用すると二〇二二年に発表した。ソーラー充電によって脱炭素を徹底し、再び使用済みとなるバッテリーはトゥクトゥクの車体から降ろし、さらに家庭用電源などに再々利用するという。

「オール・ドイツ」ハイブリッド・システムとメガサプライヤーの登場

三万点以上の部品が必要なエンジン車と比べて、EVの部品数はその三分の二で済む。では、エンジン車とEVの中間に位置するハイブリッド車はどうなのか。トヨタとホンダが一九九七年以来投入してきたハイブリッド車は、エンジンとモーターの出力を精緻に（複雑に）組み合わせるため、エンジン車に比べて燃費の向上が大きい反面、部品点数は増えてしまうし、開発の主導権は依然として完成車メーカー側にある。一時的にモーターだけで走行できる高い電圧を使うため、ストロング・ハイブリッドとも呼ばれる。

これに対して、欧州勢が採用してきたマイルド・ハイブリッドはどうか。簡単に言えば、モーターだけでは走行できないハイブリッド車のことであり、常にエンジンの駆動力で走り、これを「ストロング」よりも弱い電圧の小さいモーターで補助することで燃費を（若干）向上する仕組みである。構造自体はエンジン車とほぼ同じであり、エンジン内の部品の一部が少し異なるだけである。安価、小型かつ軽量に作れるため、日本国内では軽自動車などに積極投入されてきた。

欧州勢、特にドイツ勢のマイルド・ハイブリッド車が登場するなかで、徐々に完成車メーカーとボッシュやコンチネンタルなど部品サプライヤーとの力関係に変化が起きはじめた。ドイツ勢のマイルド・ハイブリッドは、乗用車に標準的だった一二ボルトの電圧を四倍に高め、構造が単純なマイルド・ハイブリッドながらモーターによる補助力を強化して燃費を稼ごうとした。エンジン内で発電とモーター駆動の両方を担う部品（ジェネレーター）を供給するドイツ系サプライヤーは、メーカーを問わずほぼ同じ部品を外販できるため、販路を拡大しながら徐々に巨大化し、独ジーメンスや仏ヴァレオなどのメガサプライヤーに成長していった。これらを搭載して最初に登場したドイツ勢のハイブリッド車といえば、ベンツＳ４００ハイブリッド、BMWアクティブハイブリッド7、八代目VWゴルフなどだ。

CASE（つながる、自動化、シェア、電動化）

ボッシュやコンチネンタルがメガサプライヤーに成長したのは、ハイブリッド車だけが理由ではなかった。車が常にインターネットにつながっている「コネクテッド（C）」、運転者を運転から解放する「自動運転、オートノモス（A）」、同じ車を他人と共有する「シェアド（S）」、そして「電動化、エレクトリック（E）」、これらの頭文字をとった「CASE」の進展が、車を開発する上での部品サプライヤーの地位を向上した。

最初に「C」、車が常にネットにつながる「コネクテッド」である。カーナビ普及期から、渋滞情報の取得などのため、車のナビがネットに3G接続していた。しかしこのようなガラケー程度の接続では、たとえば自動運転に必要とされる超高精度なデジタルの位置情報は獲得できない。もし高速道を時速一〇〇キロで自動運転で走っている車が、工事に伴う車線規制のために立てられたパイロンの位置を二、三メートル読み違えたら、その車は工事現場に突っ込んでしまう。簡単にいえば、5G以上のネット環境が必要なのだ。

次に「A」、（半）自動運転である。自動運転は国際的に五段階のレベルで定義されており、現在普及しているのは半自動運転、レベル2であり、運転の主体（事故を起こしたときの責任者）はハンドルを握る運転者である。車の速度を自動で一定に保つクルーズ・コントロール、

	自動運転のレベル	自動化される内容	誰が運転するのか
レベル5	完全自動運転	常にシステムが全ての運転タスクを実施	システムによる監視
レベル4	特定条件下における完全自動運転	特定条件下においてシステムが全ての運転タスクを実施	
レベル3	条件付自動運転	システムが全ての運転タスクを実施するが、システムの介入要求等に対してドライバーが適切に対応することが必要	
レベル2	高度化した自動運転、たとえば高速道路での自動運転モード機能	【高度化した例1】動いたり止まったりする渋滞にも自動で追随 【高度化した例2】遅いクルマがいれば自動で追い越す（ドライバーによる承認が必要） 【高度化した例3】高速道路の分岐・合流を自動で行う（ドライバーによる承認が必要）	ドライバーによる監視
	特定条件下での自動運転機能（レベル1の組み合わせ）	【初歩的な例】車線を維持しながら前のクルマに付いて走る（LKAS+ACC）	
レベル1	運転支援	システムが前後・左右のいずれかの車両制御を実施 【例1】自動で止まる（自動ブレーキ） 【例2】前のクルマに付いて走る（ACC、アダプティブ・クルーズ・コントロール） 【例3】車線からはみ出さない（LKAS、レーン・キープ・アシスト）	

表6-1　自動運転の五段階

◎国土交通省「自動運転のレベル分けについて」〈https://www.mlit.go.jp/common/001226541.pdf〉を基に筆者が作成

前走車に追いついた際に速度と車間距離を自動的に調整するアダプティブ・クルーズ・コントロール、同一車線の真ん中を自動でハンドル操作し保持する車線維持（レーン・キープ・アシスト）、そして障害物などを検知して自動で止まる自動ブレーキなどで構成されている。細かな説明を省くが、レベル3になると運転の主体（事故を起こしたときの責任者）は車とその車のメーカーとなり、その上のレベルにいくほど、運転席に座る人に要求される操作と判断、責任は減っていき、レベル5は完全自動運転である。

「電動化（EVまたはBEV）」についてはすでに説明したため省略し、最後に「シェアド（S）」について説明したい。他人と同じ車を共用で使う、というと、一昔前の感覚ではレンタカーのことだ。たとえばマイカーは九割の時間、停められた状態であると言われており、その間、誰か使いたい人に使ってもらった方が資源の有効活用である。タクシーの相乗りを認めることも、エコな試みといえよう。

CASEを使った移動は、サービスとしてのモビリティ（MaaS）とも呼ばれている。トヨタの豊田社長は二〇一八年、「自動車業界は一〇〇年に一度の大変革の時代に入っている」と檄《げき》を飛ばした際、トヨタを「自動車をつくる会社」から「モビリティカンパニー」にモデルチェンジすると宣言し、従来の枠組みにとらわれず「この指とまれ」で仲間を募ると呼びかけた。車を作って売る商売で勝っても、その後のサービス提供で負けては、会社の存続が危うい、との危機感だ。

準T1国という新しい層の登場

これまで見てきたとおり、自動車は市場競争によって磨かれ、技術的にも運転する際の「味」の上でも進化し続けてきた。CASEは、そのような正常進化の行きつく先であり、より便利で快適な移動のため、より豊かな生活のために行きついた到達点である。この進化が突きつける現実が、新しい自動車やライフスタイルを提案するのは、グローバル大手の自動車メーカーではなくてもいい（かもしれない）、というものだ。

言い換えるなら、最先端を切り拓くのは、必ずしもT1国ではない、ということだ。無論、メガサプライヤーに成長した企業の多くがT1国出身であることも事実である。しかしイノベーションを生むスタートアップがT1国でしか生まれないという保証はなく、クロアチアのリマックが好例だ。そしてEVの場合、後述する大阪のアスパーク・アウルのように、スタートアップが車を開発して作ってしまえるのである。

T1国以外の例を見てみよう。オランダは自転車大国であり、環境保護にこだわる有権者が多いが、二〇二二年、突如としてライトイヤーというスタートアップが世界初と自称する量産型ソーラーカーを発表した。ライトイヤー0（ゼロ）は流麗なクーペのシルエットで、ボンネットからテールまで五平方メートルもの太陽光パネルを敷き詰め、外部電源からの充電にも対応している。航続距離六二五キロ、最高速度は一六〇キロだが、売れ筋のEVとなったポルシェ・タイカンやテスラ・モデルSと大きく異なるのは、加速が軽自動車並み（に遅い）ということだ。

この内容で二五万ユーロ（約三六〇〇万円）だが、ライトイヤーのホームページには「どこへでも行ける自由」「充電せずに何カ月も運転できる」「太陽光だけで一日七〇キロ航続」とうたっており、斬新な触れ込みである。これまでは、自動車は高額なほど高性能というのが相場だった。

EVの登場と普及により、既存のT1国ではなくても自動車を開発し、量産にこぎ着けることができるようになった。CASEにより、T1国のメーカーも、開発と部品供給の上で非T1国（の企業）を頼らざるをえない場面が増えてきている。このように、主に自国向けの車のみ生産するT2国から、一歩抜きんでた国々が登場しているのである。これらを本書では、二〇〇九年以降に登場してきた、準T1国と呼ぶ。

なぜ二〇〇九年が始点かといえば、前年にテスラ・ロードスターが登場したのに続き、量産車初のEVである三菱アイミーブと日産リーフが発表された、EV元年だからだ。同時に、〇九年に中国がアメリカを抜いて世界一の自動車市場になり、リーマン・ショックで業績が悪化したGMが国有化された年でもある。二〇〇九年は、時代の大きな境目だったのである。

「幼」大国のEV推しと、準T1国入り

準T1国という新しい階層の登場を象徴する存在が、中国である。T1国でもT2国でもない微妙なポジションにあって、他の先進国と異なり、巨大な「幼」大国は異色の存在である。中国車は日米欧など先進国への自動車輸出に現時点で十分に成功していないが、それでもなお迅速に世界一の自動車生産大国となった。これまでは、先進国への輸出に成功し続けなければT1国になれなかったし、T1国でなければ車の量産と技術革新、品質を両立できなかったのである。

中国の台頭は、このような序列の前例を壊したのである。その中国は、単に生産台数が多いだけでは入れない準T1国に、どのようにして入ったのか。その答えが、CASEである。そしてそれも、日米欧でいうCASEとは一部（非常に）異なる内容だった。少し時代を遡り、順番に見ていこう。

CASEのなかで中国に最初に大きな影響を及ぼしたのは「E」、EVの普及である。前章までに見てきたとおり、中国の自動車生産台数を拡大させる上で日米欧のメーカーが果たした役割は大きかった。そして中国経済が離陸した二〇〇〇年代においても、主役は登場したばかりのハイブリッド車ではなく、ガソリン車だった。一〇年前は自転車の大群だった朝の通勤通学の風景が、自動車の大渋滞に置き換わった。そして急速に増えた自動車保有台数により、PM2・5による大気汚染が深刻になった。

大気汚染を抑えるため、流入規制のような交通規制と併せ、中国は都市ごとに自動車の取得に厳しい制限を課さざるをえなくなった。北京では早くも二〇一一年にナンバープレートの取得制限を課すようになり、上海、貴陽、広州が続いた。同時に、ハイブリッド車を含むエコカーの普及に補助金を出すようになった。この時点で、日米欧ブランドと並んで売り上げを伸ばしたのが奇瑞汽車（チェリー）、吉利汽車（ジーリー）、比亜迪（ＢＹＤ）などであり、これらメーカーがＥＶの普及で最前線に立つことになる。

このような中国のマイカー取得制限には、激烈化する都市部の渋滞を緩和する目的もあったが、自動車販売自体を急減させるのは得策ではない。生産・販売を促進しつつ、大気汚染を抑える方法が必要だった。そこで注目されたのが、ＥＶだった。ＥＶならば車体にバッテリーとモーターを固定するだけで作れてしまうし、膨大かつ複雑なエンジン開発の知見や特許が不要である。日米欧の得意分野を一飛びに超える、理にかなった官民合同の計算だった。

中国は急速に経済が発展したため、戦後間もない五〇年代の日本と同様に、電力が不足がちだった。安価な発電のため、今も石炭火力に頼らざるをえない。人々がＥＶに乗り換えたからと言って、石炭で発電していては大気汚染は改善しないが、背に腹は代えられなかった。必然的に、ＥＶに行きついたのである。

ここで創業者が習近平国家主席と古くから親しい、吉利の歩みを振り返ってみよう。社史によると、家電やオートバイを生産していた吉利が自動車に参入したのは一九九七年六月であり、中国で初めて国有ではない私営自動車メーカーとなった。翌年八月、初号機のＨＱ（豪情）が浙江《せっこう》省臨海市の工場で組み立てられた。当初エンジンはダイハツの一〇〇〇cc、トヨタの一三〇〇ccが供給された。

吉利は二〇〇六年に英ロンドン・タクシーの生産を上海で開始し、翌年、最も安全でエコ、かつ最もエネルギー効率が優れた車を生産することをうたった「ゴー・グローバル」戦略を打ち出した。こうして登場したのが第二世代の車たちだった。〇八年末発売のパンダ（同名の伊フィアットとは別の車種）は、名前そのままの顔をしており、台湾、インドネシア、ニュージーランド、南アフリカなどで販売された。そして翌年に発売したEC7は、中国で最も売れたセダンとなり、一〇〇万台以上売れた。

勢いに乗った吉利は一〇年三月、フォードからボルボを買収することで合意し、ここから第三世代の車たちが登場することになる。最初に登場したのが一四年一二月発売のエムグランドGTであり、翌年には中国車で初めて「中国カー・オブ・ザ・イヤー」を受賞した。一五年、吉利は販売する車を二〇二〇年までに九割、ハイブリッドかEVに転換すると宣言した。SUVモデルも加えた吉利が満を持して一九年四月に投入したのが、初のEVとなるジオメトリAだった。

吉利ジオメトリAはエンジン車だったセダンの吉利エムグランドを基にEV化されており、一六三馬力のモーターが前輪を駆動する。航続距離は約五〇〇キロ、上級モデルは二〇〇馬力で約六〇〇キロとされている。英『トップ・ギア』誌によれば、吉利はテスラ・モデル3をライバルに指名している。クロスオーバー・モデル（SUVとセダンの中間的なモデル）のジオメトリCには、ニデック（日本電産）のモーターが採用されている。

吉利は中国初の民間メーカーとして気を吐くが、日米欧への輸出を拡大・継続することで中国を正真正銘のT1国に押し上げられるか、それとも中国が全く新しい自動車大国として台頭、君臨するのか、注視したい。

小型EVの独中対決

中国が今後、自動車産業においてどのように台頭するのか、既存の自動車概念を打ち壊した事例として、小型EVを見てみよう。

五〇万円という破格の新車価格で二〇二〇年七月に登場した五菱《ウーリン》のEV、宏光ミニEVについて紹介する前に、先にT1国から登場した小さな高級EVを見てみよう。老舗BMW初の量産EVとして、i3は二〇一三年に登場した。車体は軽量化のため炭素繊維を強化樹脂で固めたCFRPを使用し、内装には天然素材やリサイクル樹脂を多用、SDGs（持続可能な開発目標）への配慮を随所に見せた。モーターは一七〇馬力発生し、エンジン仕様の小型車並みの軽い車体を七秒少々で時速一〇〇キロに加速させ、ちょっとしたスポーツカー並みの性能を誇る。

i3の機敏さは、『ジョニー・イングリッシュ アナログの逆襲』のなかで、女スパイが駆る

i3が後ろから追ってくるアストン・マーチンV8を狭い山道に誘い込み、ガス欠に追い込んだ挙句に軽々と置いていくシーンで描写されている。二二年に生産を終えるまでi3が最も売れたのはお膝元のドイツ市場であり、次いでアメリカだった。米EPAが発表したプラグイン・ハイブリッド車（PHEV）としてのi3の航続距離は、トップ・クラスである。

これに対し、五菱が発表した宏光ミニEVの新しさは衝撃だった。五菱のルーツは一九五八年に広西チワン族自治区に設立されたトラクター製造工場であり、八〇年代に入ると三菱の軽トラを模して製造するようになり、二〇〇二年一一月、米GM、上海汽車、五菱集団の合弁会社として誕生した。

宏光ミニEV

宏光ミニEVの廉価モデルはおよそ四五万円、エアコンが付く上級版も六〇万円と、破格の値段だ。定員は四人だが、車体の全長は三メートル未満で実質一人か二人乗り、内装は良くも悪くもコスト削減を徹底するが、この点が都市部や地方の若者にウケた。浮いたおカネで、内装や外装をデコって盛れるからだ。廉価版と上級版の値段の違いはバッテリー容量の違いであり、航続距離は一二〇キロから一七〇キロだが、どのモデルも急速充電には対応していない。とはいえ家庭用電源で充電は一晩で完了するし、様々な面で「必要十分」なのである。二二年、宏光ミニＥＶは中国で最も売れたＥＶとなった。

宏光ミニＥＶの成功を見て、ＢＭＷは二二年、ｉ３を中国専用モデルに変更し、世界的に売れ筋の３シリーズの車体をベースに変更して再投入している。小さくてちょうどいいＥＶをめぐる競争は熾烈である。

アジアの革命児

中国以外のアジア諸国のなかに、もっぱら自国向けに車を供給するＴ２国を脱して準Ｔ１国入りを窺《うかが》う国はないのか。三菱とダイハツを頼って自国メーカーを育成したマレーシアと、日系メーカーの輸出拠点に成長したタイを比較した場合、おもしろいのは後者である。そして中国と共に無視できないのが、インドである。

紹介する時系列が宏光ミニＥＶと逆になってしまったが、インドのタタ・ナノは二〇〇八年に登場した。それまでインドにおける最廉価モデルはマルチ・スズキ８００（スズキ・アルト）だったが、その半額の新車を発売したのである。一家全員がスーパーカブのような原付一種・二種に（鈴なりに）乗るのをやめ、車に乗り換えさせることを狙った提案だった。全長三メートルで四人乗り、最高速は一〇〇キロ弱で、エンジンは約六〇〇ccの二気筒のため、中型オートバイのエンジンに近い。コスト削減は徹底しており、履いているタイヤも原付なみに小さく、ワイパーは一本、伊フィアット６００のごとく助手席側のサイドミラーは省略され、エアコンもオプションだった。「当然」エアバッグやABSは付かない。

企画段階では約一九万円、販売時は約二二万円（いずれも当時）、価格ありきでスタートしたナノは売るほどに赤字が出てしまい、走行安全性の不足やエンジンからの出火事故などに苦しみ、売れ行きは芳しくなかった。ナノは一八年に生産を終えた。価格提案は斬新だったが、T2国からT1国への脱皮は、容易ではなかった。それでもなお、宏光ミニEVとタタ・ナノは途上国、特にT2国以下の国々で広く普及する車を考える上でヒントになる。

アジアにおいて、中国以外の準T1国入りに名乗りを上げた一例が、スタートアップがタイで生産する小型EVである。二〇一三年、スズキ出身のエンジニア鶴巻日出夫はFOMM（フォム）を創設し、二二年、世界で唯一「水に浮くEV」、フォム・ワンを完成させた。水しぶきをあげて力強く航行するのではなく、洪水の多いタイでEVの特徴を生かし、冠水・水没しないのが売りであり、ゆっくり水上航行できる。一度冠水してしまえば、他の車はエンジンに浸水し廃車である。フォム・ワンは乾いた公道上では航続距離一六六キロ、最高時速八〇キロである。バッテリーは台湾のEVスクーターで特に普及しているような、充電スタンドで別の充電済みのバッテリーと交換することができるシステムを採用し、家庭用電源でも充電可能だ。

フォム・ワンは規制が邪魔して日本では生産できず、嘆願の結果、タイで生産認可が下りた。ハイテクではないが、潜在的なニーズを満たすグッドアイディア、生活のなかの大きな革命である。こうしたスタートアップの成否が政府の規制（緩和）にかかっている点も見逃せない。

ベトナム初の国産メーカー、ビンファスト（VinFast）もお国柄を反映した水害に強いEV、VFe34を発売している。同社はアメリカが二〇二二年に施行した、アメリカ産EV用電池を搭載した車種への税控除優遇（IRA法による中国産電池の締め出し策の下の補助金）も獲得しており、アメリカ産の日産リーフすら排除されたなか、注目を集めている。

インドは中国を抜けるのか

インドの自動車産業については、すでにマルチ・ウドヨグとマヒンドラを紹介したが、ここではインドを代表するタタ財閥について見てみたい。

タタの歴史は古く、一八六八年、二九歳のジャムシェトジー・タタがムンバイに創業した貿易会社が起源だ。七四年には綿紡績工場をナーグプルに開設し、インドの繊維ハブに育てた。息子のドラブジーが父の構想を引き継ぎ、一九〇七年に鉄鋼（後のタタ・スチール）、〇九年にインド理科大学院、一〇年に水力発電、一七年に石鹸《せっけん》などの消費財（タタ製油所）へと業態を拡大した。製鉄所の高炉が稼働する前に現地に病院を開設し、国民の教育と衛生に取り組むなど、「鉄は国家なり」もとい、「タタは国家なり」ともいえる社会貢献をしてきた。

一方、自動車への参入はそれほど早くなかった。一九四五年にタタ・モーターズの前身が設立されて蒸気機関車を製造し、五四年にはベンツとの合弁でトラックの生産に進出、インドの輸送部門の近代化に注力した。乗用車部門への進出はさらに遅れ、八八年にタタ・モバイル2

06を発売した。後ろが荷台になっているアメリカ的なピックアップ・トラックに似ていて農作業に適しており、エンジンは仏プジョーの二リッター・ディーゼルをライセンス生産した。乗用車ではスズキのシェアが圧倒的だが、インド国内の商用車シェアの六割をタタが握っており、グローバル五位である。

乗用車部門が弱いため、ナノを発表した二〇〇八年、タタは米フォードから英ジャガー・ランドローバーを傘下に迎えた。かつてイギリスの植民地だった国の企業が旧宗主国の看板メーカーを買収して話題になったが、伝統の英車ジャガーとランドローバーはそれぞれ「故郷」イギリスで設計・開発されている。中国の吉利がベンツやボルボとのコラボをとおして自前の車づくりを着実にレベルアップしたのに対し、タタにはそのような「離陸」がいまのところ見られない。両者の共通点は、傘下の欧州ブランドがいち早くEVシフトを鮮明にしたことだ。二〇一七年、ジャガー・ランドローバーは二〇二〇年以降の新車は全てハイブリッドかEVに移行すると発表した。

インドは二〇二二年時点の人口が一四億一二〇〇万人であり、中国（同年、一四億二六〇〇万人）を二三年には抜くものと見られており、両国の成長から目が離せない。なお国連予測（二〇二二年）によると、日本の二一〇〇年の人口は（このまま何もしなければ）七三六四万人まで一直線に減ることになっている。

水素自動車をめぐる競争――GMvsダイハツ

ここからは、水素自動車をめぐる競争について解説していきたい。水素を使った発電の歴史は古く、イギリス人のサー・ウィリアム・ロバート・グローブが発明した。その後しばらく進展はなかったが、第二次大戦の前後にイギリス人のフランシス・トマス・ベーコンが引き継ぎ、飛躍的に研究が進んだ。

ベーコンの研究は戦後、国防機密として保護され、英ケンブリッジ大学で進んだ。ベーコンの成果は、航空エンジン大手の米プラット・アンド・ホイットニーを経由してアポロ計画に採用された。水素と酸素を反応させて発電し、水しか排出しないシステムは、宇宙空間にもってこいだった。

最先端の宇宙技術は、すぐに民間に払い下げられた。GMは六六年、一台だけ水素で発電して走るEVを試作した。車内後席は巨大な水素ボンベと酸素ボンベで一杯のため、二人乗りだった。航続距離は二四〇キロで、時速一一〇キロほど出たが、市販されなかった。

日本ではダイハツが工業技術院大阪工業技術試験所（現：産業技術総合研究所）と松下電器（現：パナソニック）と共に日本で最初の燃料電池車を七二年に開発した。軽トラの荷台に巨大な装置を積み、航続距離については不明だが、最高時速五二キロを記録した。ダイハツは二〇世紀初頭、日本初のガソリン・エンジンを開発し、七〇年の大阪万博にはEVタクシーを送り込んだが、ここでもパイオニアぶりを遺憾なく発揮した。

FCVは普及するのか——トヨタMIRAI vs ホンダ・クラリティFC

米アポロ計画が終了すると、多くのエンジニアが民間に流出した。そしてFCVが（リース限定で）公道デビューするのは、世紀をまたぎ、二〇〇二年になってからである。

ホンダは同年、FCX-V4を日米で三〇台ほど登場させ、米EPAから世界で初の燃料電池車販売認定をもらい、航続距離は二五〇キロから三〇〇キロほどだった。同年末、トヨタも日米でFCHVをリースで登場させた。トヨタがSUVのクルーガー（現行ハリヤーに近い車種）をベースに選んだのに対し、ホンダは小型車ライフを選んだ。翌〇三年には日産がエクストレイルFCVを日米に投入し、航続距離は三五〇キロに達した。

フォードも同年、航続距離三二〇キロのフォーカスFCVをカリフォルニア州、フロリダ州とカナダに投入した。六〇年代に先行していたGMも、〇五年のベンツF-Cell（Aクラスの車格）の登場後、ようやく〇七年にSUVのエクイノックスFCを登場させた。どの車種もリースのみであり、主に政府や自治体向けの供給だった。これら黎明期を脱して本格的にFCVが量産されるのが、二〇一四年以降である。

先に登場したのが、トヨタMIRAIである。二〇一三年一一月の東京モーターショーでFCVの登場が予告されていたが、翌年一一月の米ロサンゼルス・モーターショーで車名が発表され、ベールを脱いだ。

ＭＩＲＡＩの最高時速は一七五キロであり、車両価格は七二三万円、これにエコカー減税、グリーン化特例、クリーンエネルギー自動車導入促進補助金など（二〇二二年）で合計約一五〇万円の優遇を受けることができるが、それでもクラウン並みの高級車価格である。米ＥＰＡは初代ＭＩＲＡＩの航続距離を五〇二キロと測定し、最も高効率で航続距離が長いＦＣＶに認定した。ＥＶと大きく異なるのは、急速充電でも数十分かかるＥＶに対し、水素の充塡に三分しかかからないことだ。

トヨタＭＩＲＡＩは二〇一四年に日本で発売され、酸素を吸って水しか排出しない特性を存分に活かしてマラソン競技の先導車などをつとめ、政府省庁や自治体にも積極的に納車された。翌年にはアメリカでも発売され、一六年にかけてイギリス、ドイツ、ベルギー、デンマーク、ノルウェーでも発売された。最大の市場はアメリカ、次いで日本（二〇二一年）である。水素ステーションが営業している地域でのみ販売されるため、普及には社会全体での取り組みが必要である。

トヨタに続いて、ホンダがクラリティ・フューエル・セル（ＦＣＶ、以下クラリティＦＣと表記）を登場させたのは、二〇一六年だった。ＦＣＸ-Ｖ４に次ぎ、ホンダは〇八年に二代目のＦＣＶとなるＦＣＸクラリティを日米欧に投入し、二〇〇台ほどリース販売していた。小型車ロゴだったベース車両はアコード級の中型車に拡大され、二代目インサイトやトヨタ・プリウスに似た、空力を意識した流線形ボディーに改められた。

一六年に登場したクラリティFCは、先代のFCXクラリティの航続距離と室内空間を大幅に向上（乗員を五名に拡大）したモデルだった。ホンダはクラリティをEV、プラグイン・ハイブリッド車（PHEV）とFCVの三兄弟として同一の車体で開発し、後の量産効果を狙った。水素タンクの規格をトヨタMIRAIとそろえることで、水素ステーションの普及に協力した。販売価格も航続距離（米EPA認定）も、トヨタMIRAIと肩を並べた。

トヨタMIRAIとホンダ・クラリティFC

　トヨタMIRAIとホンダ・クラリティFCの違いは、狭山工場の閉鎖を控え、クラリティが二一年中に生産を終了したことだが、開発は続いている。対してトヨタは二〇年一二月に二代目MIRAIを投入した。レクサスと共通の車体を使い、水素の充填量も増やし、見た目もレクサス並みの高級車になった。

　トヨタとホンダが競って投入したFCVにより、水素社会は到来するのか。

　経済産業省と資源エネルギー庁が二一年に発表した報告によると、FCVは国内で四六〇〇台普及したが、二〇二〇年度に四万台普及という当初の目標には届いていない。ガソリンスタンドの建設費が七、八千万円のところ、水素ステーションの整備費用は二〇一三年に五億円、二一年に四億円まで低減したが、一層の普及とコスト低減が必要だ。長距離を走る大型EVトラックの充電時間は破格に長くなるため、独ベンツや韓国勢もFCVトラックの開発に注力しており、同じシステムは船舶、鉄道などへの応用が模索されている。

ハイブリッド車では世界に先駆けて量産、普及に成功した日本だが、FCVはどうなるのか。トヨタは二〇一九年、ハイブリッド車に関する二万件以上の特許技術を無償開放すると発表した。ハイブリッド車の技術がガラパゴス化することへの危機感があったと言われている。二〇二一年、EV関連の特許取得数はトヨタが首位、二位以下は米フォード、ホンダ、米GMと続き、EV専業の米テスラは八位だが、EVの世界販売台数ではテスラが首位だ。

水素で車を走らせる様々な試み

FCVは水素を酸素と反応させて電力を作り、その電力で車を走らせている。同じ水素でも、ガソリン・エンジン車に改造を施し、エンジンの燃焼室でガソリンの代わりに水素を燃やす試みもある。

元カリフォルニア州知事にして大の車好きのシュワルツェネッガーは知事時代の二〇〇四年、数台所有するハマーH1のうちの一台を水素で走るように改修して話題になった。シュワルツェネッガーは、ベンツGクラスを特注でEVに改造したことでも知られている。ハマーH1はあまりに燃費が悪く、環境保護に熱心なカリフォルニア州で肩身の狭い思いをしていたシュワルツェネッガー知事は、この改修で反転攻勢に出た。彼は二〇〇四年にカリフォルニア州水素ハイウェー構想をぶち上げ、同州に水素ステーション網を大々的に整備することを決めた。こうしてトヨタやホンダ、韓国の現代、独BMWなどのFCVが同州で普及する下地が整ったのである。BMWは二一年にトヨタと共同開発したシステムを積んだ初のFCV、iX5ハイドロジェンを公開している。ただしFCV（とシュワルツェネッガー元知事）に懐疑的な現地『LAタイムズ』紙は、ホンダがクラリティFCの販売を終える二一年八月に手厳しい批判記事を掲載している。

ガソリン・エンジン車を水素で走らせる試みは、日本でも積極的に進められている。トヨタはガソリン・エンジン車のカローラを水素で走るように改造し、二一年五月に富士スピードウェイ二四時間耐久レースにデビューさせ、現在も耐久レースに参戦している。トヨタ・日野にいすゞを加え、共同で商用車用の水素エンジンの開発も進んでいる。

途上国は今後もエンジン車、それも三〇年落ち以上の古い車が流通し続けることが考えられ、しばらくエンジン車はなくなりそうになく、これらを安全・安価にエコな車に変身させるメリットは大きい。もっとも、水素ステーションが現在のガススタ並みに完備されるのは当分先であろうし、エコなバイオ燃料なども選択肢であろう。

ハイブリッド車がル・マン総合優勝

市販車では日本勢、トヨタとホンダが先鞭をつけたハイブリッド車だったが、レースの世界で先に結果を出したのはドイツ勢だった。フランスで毎年六月に開催されるル・マン二四時間耐久レースでは長年、ポルシェとアウディが最多優勝で君臨してきた。

二〇一二年、ル・マンを初めてハイブリッド車が制した。アウディR18 e-tronクワトロはディーゼル・ターボのV6エンジンが後輪を駆動し、前輪をそれぞれ一〇〇馬力近いボッシュ製のモーターがアシストする四輪駆動のハイブリッド車だった。翌年もトヨタTS030ハイブリッドが好燃費を武器に食い下がるが、アウディは一四年までハイブリッド車で三連覇を果たし、アウディが撤退した後はポルシェ919ハイブリッドが一五年から一七年まで三連覇を果たした後、フォーミュラEに参戦するため撤退した。

マツダ787B以来となる日本車のル・マン優勝を二〇一八年にもたらしたのは、トヨタTS050ハイブリッドだった。その間、先代のTS040は二〇一四年にすでに世界耐久選手権（WEC）で年間タイトルを勝ち取っており、残るはWEC第三戦（年によっては第二戦）であるル・マンの制覇だけだった。TS050は二・四リッターのV6エンジンにターボを二基備え、四輪全てをそれぞれモーターがアシストする四輪駆動のハイブリッド・システムだった。

二〇一八年、フェルナンド・アロンソ、セバスチャン・ブエミと中嶋一貴《かずき》が交替で駆るTS

050は史上三番目に多い三八八周を二四時間で走り切った。別チームのTS050を小林可《か》夢《む》偉《い》が駆っていたことから、ル・マン初の日本車・日本人ドライバー一位・二位フィニッシュとなった。三〇年越しの悲願を達成した後、トヨタは二〇二二年まで五連覇を果たし、二一年には小林可夢偉の初優勝も果たした。もはやトヨタのル・マン優勝は、年中行事のようになった。

国際レースもエコの時代

四輪駆動の日本車が活躍する国際レースとして、度々WRCを紹介してきたが、〇八年にスバルとスズキがWRCから撤退し、一二年にミニとフォードが撤退、一三年と一四年にVWと現代がそれぞれ参戦し、WRCの顔ぶれは入れ替わっていた。トヨタがヤリス（二〇二〇年まで国内ではヴィッツ）WRCで選手権に復帰したのは二〇一七年、前年のVW撤退と入れ違いだった。一三年から一六年はドライバー・タイトルもメーカー・タイトルもVWが独占していたが、一八年にトヨタがメーカー・年間タイトルを勝ち取り、一九年から二一年の間はヤリスWRCを駆るセバスチャン・オジェとオィット・タナクがドライバー・年間タイトルを獲得し続けている。

日本車が先鞭をつけたハイブリッド車は、仕組みが複雑なため欧州車やアメ車への普及が遅れていたが、ここにきてWRCでハイブリッド車が義務化され、独コンパクト・ダイナミクス社のシステムがメーカーを問わず全車に統一供給される。ヤリスWRCの一・六リッター直3エンジンとドイツ製のハイブリッド・システムの合計で通常のヤリスの五倍、五〇〇馬力以上発生するため、最低重量約一二〇〇キロ、全長四メートル未満の小さくて軽い車体がどれほど速く走るか、想像がつく。ヤリスは二一年、初代ヴィッツとプリウス、日産マーチ、そしてリーフに続く、日本車五台目となる欧州カー・オブ・ザ・イヤーを受賞した。

WRCは二二年から一〇〇％持続可能な燃料を他の国際選手権に先駆けて導入しており、環境保護、脱炭素への取り組みを強化している。英P1レーシング・フューエルズ社が二四年末まで三年間、合成燃料とバイオ燃料を混合した再生可能な燃料を供給するのである。EUは二二年七月に航空燃料に対して汚染度の低いエネルギー源に置き換えることを義務付ける規制を承認しており、こうした「飛び恥」的な燃料規制が、近い将来、商用車や乗用車に波及してくることも予想される。

最高峰の自動車レースF1は二六年に持続可能燃料への切り替えを目指しており、オートバイの最高峰モトGPでも二七年までに一〇〇％非化石由来の持続可能燃料の導入を目標にしている。こうしたエコな燃料をガススタで私たちの愛車に給油する日は、意外に近いのかもしれない。

ドライバー不在で自動運転の車が淡々と周回するレースを見て、従来のファンは果たしておもしろいと思うのだろうか。

そんな心配をよそに、すでに開発の最前線はこの分野に及んでいる。米インディ・カーの聖地インディアナポリスでは二〇二一年一〇月、無人のインディ・カーが自律走行で速さを競った。優勝した独ミュンヘン工科大学の車両は平均時速二一八キロで完走した。インディ・カーの最高峰レース、インディ500における優勝車の平均時速は三五〇キロに達しているため、自動運転の速さは「まだこれから」だが、プロ・ドライバーの運転をAIが超えるのも時間の問題であろう。なおインディ・カーは二〇〇七年からエタノール燃料を使用しており、二三年からは一〇〇％再生可能燃料に移行し、化石燃料（ガソリン）と比べ温室効果ガス排出を六〇％削減する。

自動がいいのか、手動がいいのか、単純な二択ではないことは承知の上で、ヨーロッパの例を一つ、紹介したい。二四時間耐久レースが行われる仏ル・マンの町では、二〇二二年から新たな試みがはじまった。それまではブドウ畑や森林のゴミ回収を担っていた馬車が、早朝の街中のゴミ回収を担当するようになったのだ。本来はゴミ収集車が回ってくるところであり、こうした公共事業が今後、自動運転に移行していくことが各地で見込まれる。そんななか、馬車がゴミを回収するようになると、市民によるゴミの分別率が向上したのである。裏を返せば、自動運転の回収車を投入すれば、分別率が落ち、市はその後の分別作業にさらにコストがかかることも予想される。

ぶつからない車

「ぶつからない車」が世間で認知されるきっかけを作ったのが、スバル・レヴォーグやインプレッサに装備されるアイサイトだ。一九八九年、エンジンの燃焼を可視化するために開発したステレオカメラから派生した技術だった。

九九年、この技術を最上位機種であるレガシィ・ランカスターに搭載し、車両前方の状況を読み取らせ、①車間距離が詰まったら警報を出し、②車線逸脱警報を出し、③前走車との車間距離を自動制御するクルーズ・コントロール（運転者が指定した一定速度を車が自動的に保って走行する機能）と、④カーブ逸脱警報と制御を（ある程度まで）行った。

これを磨き上げ、世界で初めてミリ波レーダーなどを併用せず、ステレオカメラだけでプリクラッシュブレーキ（衝突直前に自動でブレーキがかかる装置）と、全車速追従機能付クルーズ・コントロールを備えたアイサイトが二〇〇八年に登場し、レガシィに搭載された。一〇年には、とっさの障害物の前で完全に停止するシステムにアップグレードされ、手放しで自動でレガシィが止まる、あのテレビCMが登場した。この時点で、アイサイトを装備するオプション価格は一〇万円まで低下しており、世間の認知が一気に高まった。

日産は二〇一九年、スカイラインにプロパイロット2・0を初装備した。矢沢永吉が赤いスカイラインの運転席で両手を鳴らすと、車が高速道路上で自動で車線変更をするテレビCMを覚えている人も多いだろう。スカイラインは三眼カメラ（広角、標準、望遠）、ミリ派レーダー五基、超音波ソナー一二基を装備し、車の前方や周囲の状況を正確に把握する。さらに地図メーカーとの共同開発により、車線の数や道路の勾配など高精度な3D地図データを車が判断材料として使っており、どこまでも自然な自動運転（レベル2）を目指している。

渋滞時の前走車の自動追尾では、一台前の車にやみくもに等距離でついていくのではなく、二台前の車との距離と加減速も把握し、自車の加減速がギクシャクしないように制御してくれる。前の車が雑な加減速をするせいで、運転席に座っているにもかかわらず酔った経験をした方もいると思うが、スカイラインならばこれをセンス良くいなしてくれる。走る、曲がる、止まる、という車の基本動作を全て自動化する自動運転は、こうした運転アシストの一つ一つの機能が統合され、安全かつ可能な限り自然なフィーリングで制御される世界である。

公道上の自動運転レベル3を実現

米中に対する日本の出遅れが指摘されるなか、自動運転中の事故の責任が運転者（レベル2）から車（レベル3）に移行した、世界で初めての型式認証取得車が、二〇二一年三月に日本で登場した。ホンダ・レジェンドハイブリッドEXであり、レジェンドとしては五代目となる。

ホンダはすでにレベル2の半自動運転機能、ホンダ・センシングを各車に装備しているが、ルーツをたどると一九七一年に着手した、レーダーを使った衝突軽減（自動）ブレーキの研究に遡ることができる。これに誤発進抑制、歩行者事故低減ステアリング、車線逸脱抑制と維持支援、アダプティブ・クルーズ・コントロールなどを加え、二〇一四年にオデッセイに装備したのが、初代ホンダ・センシングだった。二〇年にはホンダの国内新車販売台数の九割以上に装備されている。

二一年にレジェンドに初導入されたホンダ・センシング・エリートは、従来の機能にトラフィックジャム・パイロット（渋滞運転機能）を加え、これが作動する間がレベル3の自動運転に相当すると、国土交通省より型式指定を受けたのである。道交法の改正も行われ、レベル3で（渋滞中の高速道路などを）走っている間は、ナビ画面で目的地を検索したり、テレビやDVDを視聴できるが、すぐに運転に復帰できることが条件となっており、スマホの操作は推奨されない。

そして渋滞が解消して速度が上がると、車が運転者に対して操縦を引き取るよう繰り返しパネル上の警告表示、次いで警告音を発し、そしてシートベルトに振動を加えるなどして要求し、応じ続けなかった場合は、左車線へ車線変更をしながら減速・停車を支援する緊急時停車支援機能を搭載する。

ホンダは開発にあたり、約一〇〇〇万通りのシミュレーションと、一三〇万キロ以上の実証実験を行った。レーダーセンサーとＬｉＤＡＲセンサーそれぞれ五基、フロントセンサーカメラを二基搭載しており、新車価格は一一〇〇万円だが、ホンダ・センシング・エリートを装備していないモデルよりも三七五万円も高くなっている。ＬｉＤＡＲとは、レーザー光を照射して対象物までの距離や形状を測定する装置のことであり、古くは航空機のレーダーに使われ、今ではｉＰｈｏｎｅのカメラを被写体との距離測定でアシストしている。

唯一無二の部品サプライヤーと準Ｔ１国イスラエル

自動運転の実現には、車の外の世界の正確な把握、最新のカメラ、ミリ波レーダー、ＬｉＤＡＲセンサーなどのセンサー類が不可欠である。これらの性能とコストは、車の信頼性と完成度、価格、売れ行きに直結する要素だ。高性能なリチウムイオン電池の価格と性能がＥＶの価格と性能に直結することと同様に、完成車メーカーが部品サプライヤーの上位に位置するヒエラルキーが崩れつつある。

典型的な例が、イスラエルのエルサレムに本拠地を置くモービルアイである。モービルアイは一九九九年、ヘブライ大学のアムノン・シャシュア准教授が創設した、大学発のスタートアップだった。一九六〇年生まれのシャシュアはＡＩ実験室で働く傍ら、九三年、三三歳のときに米ＭＩＴより脳・認知科学の博士号を取得した。帰国して九六年よりヘブライ大学の情報科学科に所属し、カメラの視角情報処理によって衝突による死傷事故を低減する、との信念で、モービルアイを起業した。

モービルアイが開発したEyeQチップは、単眼カメラ、これから得た画像情報を解析する半導体とソフトが一つになった製品であり、これにより自動緊急ブレーキ、車線維持支援、アダプティブ・クルーズ・コントロール、渋滞運転機能、前方衝突警報などが可能になる。最初にEyeQを採用したのは、二〇〇九年にBMWで初めてハイブリッド車をラインナップに加えた五代目の7シリーズだった。実績を積んだモービルアイは一七年、イスラエル企業史上最高額で米インテルに買収された後、製品をVW、フォード、日産に供給している。

当初はテスラ・モデルSにも供給していたが、二〇一六年に同車（自動運転中）初の人身死亡事故が起き、これを機に破談になっている。その後、モービルアイは中国の吉利とEVメーカーの上海蔚来《ウェイライ》汽車（NIO《ニオ》）とも提携し、自動運転EV開発の最前線に陣取っている。同社は自動運転車の実証実験をニューヨーク、ミュンヘン、エルサレムなどで実施しているが、二〇年には日本のバス（旅行）会社ウィラーとの間で、日本、台湾、シンガポール、ベトナムで二三年以降、ロボタクシーを実装すると発表している。

中国における実装と個人情報保護

世論監視、ときにテロ対策を口実にした少数民族の監視と抑圧に撮影やセンサー技術を使い、同時に自動運転技術を大規模に開発しているのが中国である。市中いたるところに配置された監視カメラの顔面認証システムは、すでに膨大な量のデータと処理経験を蓄積している。このようなマスデータとこれを瞬時に処理・判断する処理能力は新型コロナウイルス感染者の追跡にも利用された。この技術を車の自動運転に一挙に転用されては、少なくとも規模の上では、日本勢をはじめ米欧は太刀打ちできない可能性がある。

個人情報が意図せずに拡散・共有されることに対し、中国人も敏感に反応している。二〇二一年下期に三七四二台販売され、中国の高級車市場でポルシェを抜き、中国車として初めて首位に立ったのが、新興EVメーカーの華人運通技術が二一年五月に発売したスーパーカー、HiPhiX（高合X）だ。時速一〇〇キロ到達三・九秒、航続距離は約五五〇キロと、EVスポーツカーとしては突出した性能ではないが、ヘッドライトが照射する形を自分好みに変えたり、ウインカーに絵文字を表示したりでき、日本で車検は通らないと思われるものの、飛びぬけた新しさがある。価格は五七万元（約一〇九〇万円）から八〇万元（約一五三〇万円）だ。

ほどなく、ユーザーのSNS投稿を機に騒動が起きた。同じ車種どうしの車・車間相互接続システムのビデオ共有機能を「オン」にすると、各地で運転中のH・iPh・iXの車載カメラを見ることができ、そのドライバーがどこを走っているかわかってしまう。これに対してメーカー側は、「機能をオンにしても車両の電源を切るとオフになり、プライバシー漏えいの問題はない」と発表した。この返答に対してSNS上で議論が続き、関連の書き込みの閲覧件数は五〇〇〇万回近くに上った。プライバシーを尊重する発想が欠けており、個人を監視し取り締まる国家の側の間違いを質《ただ》す経路がほとんどない反面、個人の自由や権利を制限・抑圧しがちである。これは経済成長やイノベーションにとり、適切なのだろうか。

世界的な発明はいずれも日常的な偶然や実験中のエラーのなかから生まれてきたことを想起したい。自由や民主主義を貴ぶT1国でも、国家による規制のせいでイノベーションが遅れた例がある。

今となっては伝統ある自動車大国のイギリスだが、自動車が発明されてまもない時期、イギリスは開発の最前線から大きく遅れを取った。原因は、馬車業界である。自動車の登場によって馬車乗りが失業すると業界団体が訴え、公道上の自動車の試走に厳しい制限が加えられた。ところが高性能な自動車が欧州大陸から次々に輸入され、規制自体が意味をなさなくなり、規制は廃止された。以降、ようやくイギリスの自動車産業は技術的に離陸したのである。どこで規制を強化し、どこで緩和するのか、イノベーションに関わる重要な分水嶺である。

新型コロナウイルスとCASE

新型コロナウイルスが流行した二〇二〇年三月以降、通勤や通学、対面での交流を自粛するようになり、社会のなかの車の位置付けが変わった。

車がつながる、自動化する、シェアされる、そして電動化する（CASE）各分野では、コロナで明暗が分かれた。自動運転とEVの普及は、世界的な半導体不足が響き、足踏みや実装の延期が起きている。外出控えに加え、プライベート空間であるマイカーの所有を見直す動きがあった。他方、毎日の出勤から「在宅勤務・時折出勤」への働き方の変化により、通勤用に個人所有していた軽自動車などをシェアライドやレンタカーに置き換える動きが地味に伸びる可能性もある。その際の行先は都市部の自宅ではなく、移住した先の地方かもしれない。ただし皆が使いたいタイミングでは常に確保が困難など、利用者にとって災害時や繁忙期はシェアライドの泣き所であろう。

人の動線が変わったことにより、鉄道、バス、航空、不動産業界は大きな影響を受けた。乗用車の世界でいえば、コロナにより都市部の渋滞が減った。国土交通省の試算によれば、渋滞による年間損失は合計で一二兆円（二〇〇五年）、日本人一人当たりの渋滞損失時間は四〇時間であり、これは乗車時間一〇〇時間の約四割（二〇一五年）にも上る。渋滞の減少は脱炭素のためにも重要であるが、東京二〇二〇オリンピック・パラリンピックに際し、東京都内の首都高は選手団の移動を最優先するため、期間中の通行料金を一〇〇〇円上乗せし、効果を上げた。

通行量の抑制を街づくりに利用した例もある。仏パリ市内では一般車両の通行禁止区域を大幅拡大して歩行者天国にし、通り沿いの飲食店の屋外テラス席を増設したところ、好評だった。これは公共交通・自転車専用レーンになるため、利用者にも好評だったが、地元の車オーナーには地獄である。筆者の見たところ、通行止めの通りから締め出された車で、他の通りが大渋滞し、動かなくなったセーヌ川沿いの車列に路線バスが巻き込まれていた。果たして脱炭素に貢献しているのか、疑問に思えた。

シェアライドが今後普及するかどうかは、いざという時の利便性、借りたいときほど借りにくいなど様々な要素が複雑に関係してこよう。現状では営業中のガススタやコインパーキングにシェア用の車両が待機している。だが将来的にバッテリー技術や自動制御が進むと、マンションの前に板状に折りたたんだ共用の車が置いてあり、乗る直前にパタパタと自動で開いて展開して乗り込む、車庫証明不要なモデルも登場したらおもしろい。

車の航空機化

動かないほどの渋滞に巻き込まれた際、車が空を飛べたらいいのに、と考えるのが常だ。近年ドローンの技術が飛躍的に伸び、空飛ぶ車の開発も世界各地で進んでいる。さしあたり、二〇二五年の大阪万博、その前のパリ二〇二四年オリ・パラは、地元自動車メーカーやサプライヤーのヴァレオをはじめ、晴れの舞台となろう。

フランスといえば、茨城県境町に自動運転バス、ナビヤ・アルマ（NAVYA ARMA）が実装され、日本ではじめて定時運行している。航空機のグローバル大手、エアバスは古くからヘリコプターでも強いが、空飛ぶ車の開発を急いでおり、東京二〇二〇に際しても、テロ対策用に長期滞空機を売り込んでいた。大阪・関西万博二〇二五を目指し、大阪府は空飛ぶ車の実現ロードマップを作成しており、トヨタやホンダの他、様々なスタートアップが実装競争を演じている。

空飛ぶ車、と一言で言っても、これは道交法ではなく航空法の管轄になってこよう。今後、離着陸に関する新しい規制と共に、どこを飛んでいいのか法整備が進むことが見込まれる。モノにもよるが、あのドローンの羽音（とモーター音）は、お世辞にも心地いいものではない。緊急「車両」を除き、誰も、自宅の上空を我が物顔で頻繁に通過されたくないはずだ。

この意味で、今まで以上に、いまある道路網が重要になるだろう。一般「車両」は、騒音の他に治安・防犯上の理由で、いますでにある幹線道路以外の場所を無許可で飛ぶことは望まれないはずだ。公道上の自動運転車とは異なり、空飛ぶ車は、むしろ決められた経路に限定した自動運転がほぼ強制され、それ以外の「無断通行」が排除される可能性がある。そして今後の幹線道路の整備計画は、こうした側面も加味した新しいものになろう。

いまある道路と、これが生む「馴染みの風景」は、「共有された景色」や「集合的な記憶」として、道路網の歴史的価値と重みを増すことが考えられる。日本では馴染みの薄い議論だが、大量入植した外国人勢力が地形を大きく切り拓いて変えてしまい、原住民が代々受け継いできた丘や森林、水源、田園などの「景色」を意図的に変形・変色、破壊する行為を占領下で行ったことが後に問題となり、告発される場合がある。私たちの身近な道路の価値、守るべき「記憶」は何なのか、空飛ぶ車が普及する過程で議論する必要があろう。

ウクライナ侵攻とロシアの自動車産業

二〇二二年二月二四日、「突如」ロシア軍がウクライナに侵攻した。冷戦終結以降、ウクライナは親露派独裁政権と親欧米派の政権の間で綱引きが続いていたが、二〇一四年、ロシアがクリミアを併合し、東部二州の一方的な共和国としての独立宣言を発出させた。ウクライナ極右勢力からロシア系住民を守る、とロシアは主張して全面侵攻に踏み切った。

ウクライナ情勢を受け、現地に進出していた日系サプライヤーは拠点をモロッコなどに移しはじめている。ウクライナといえば、日本人にとっては広大なひまわり畑と穀倉地帯であり、工業国のイメージは薄いかもしれない。しかしウクライナは世界最大の航空機アントノフAN225を制作し、対ロ戦で両軍が使う戦車を量産してきており、祖国防衛戦の最前線では軍用に改造した国産の電動自転車が大活躍している。音と煙を出す軍用オートバイと違い、このEV自転車は米ジャベリン対戦車ミサイルを担いだ兵士を時速九〇キロで音なく露軍戦車に忍び寄らせて一撃を与え、安全に退避させている。戦争後、ウクライナは電動二輪業界で速やかに準T1国入りを果たすのではないだろうか。

ロシアに進出した各国の自動車メーカーは、軒並みロシア事業から撤退した。最も深手を負ったのが、仏ルノーだった。撤退は二二年五月に発表され、アフトヴァース（ラーダ車ブランド）の株式をモスクワ市の事業体に売却した。『フィナンシャル・タイムズ』紙はルノーの損失を約二二億ユーロ（約三〇〇〇億円）、売却時の受け取り金額は二ルーブル（約四円）だったと報じている。ウクライナのゼレンスキー大統領に名指しでロシアの戦費獲得に貢献していると非難され、最大市場であるEUに次ぐ市場をレピュテーションリスクから失うこととなった。

日米欧ブランドの現地工場をひきつけることで国内の乗用車供給をまかなってきたT2国ロシアは、今後その大部分を（経済制裁が解けた後にはじめて）輸入に頼ることになる。侵攻から三カ月たち、独ボッシュからエアバッグやABS関連の部品が届かなくなり、これら安全装置を省いた「現行車種」が国内限定で出荷されはじめた。これはEUの排ガス規制「ユーロ」も満たさないため、EU市場には輸出できない。兵器産業の輸出は途上国を相手に続くと見られるが、T1国水準の自動車産業を失ったロシアは経済の活力を失い、ソ連時代の貧困に逆戻りするのではないだろうか。

ASEANは日本車の独壇場なのか

中韓をはじめ、アジア諸国の自動車産業の隆盛に日本が大きな役割を果たしてきたことを幾度か紹介してきた。ASEAN市場では今も日本車が七割以上のシェアを誇り、インドネシア、タイ、マレーシア、フィリピン、ベトナム、シンガポールでは七四・三％（二〇一九年）に達する。インドネシアでは、トヨタ、三菱、スズキ、ホンダ、いすゞで九三・五％（二一年）に達した。だが、異変が起きている。中韓メーカーの躍進である。

韓国の現代《ヒョンデ》アイオニック5は二〇二一年に登場した、同社初のEVだ。二二年にドイツ・

カー・オブ・ザ・イヤーを受賞し、年初には一二年ぶりに現代がアイオニック5を武器に日本市場に再参入すると発表した。EVのため販売店網などは設けず、オンラインやアプリによる販売となる。EVらしく前後のシャープで特徴的なライトのデザインが目を惹き、現代にとっては金字塔であるポニーのデザインを随所に織り込んでいる。SUVとセダンの中間的なクロスオーバー・モデルで、一七〇馬力（高性能版は二一八馬力）の後輪駆動か四駆を選べる。京都のMKタクシーは初のEVとしてアイオニック5を五〇台導入すると発表している。アイオニック5は二〇二二年、欧州カー・オブ・ザ・イヤー三位に入賞し、韓国車で初めて一位に輝いたのは、姉妹車の起亜《キア》EV6だった。

現代は日本再上陸にとどまらず、初のEVを武器に「日本車ブランドの庭」と呼ばれてきたASEAN市場にも攻勢をかけている。インドネシアのブカシ県に組み立て工場を開設し、全ての車種の内〇・〇八%に過ぎないEV販売台数とはいえ、インドネシアのEV市場の八七%を占めている。同国はEVやハイブリッド車のバッテリーに必要なニッケル、コバルトが多く埋蔵されており、インドネシアをASEANでの調達・輸出拠点として整備する現代の動向からは目が離せない。希少金属の調達はコンゴの鉱山で児童労働が疑われるうえ中国資本が握っており、昨今議論される経済安全保障や人権デューディリジェンスの見地から、日本も供給元の多様化やサプライチェーンの見直しが急がれる。

EVの充電問題を中国が克服？

韓国と並んでアジア市場における動向を注視しなければならないのは、中国メーカーである。「中国版テスラ」の異名を採るニオ（NIO）はEV専業である。日本ではまだ馴染みがないが、本国ではEVの充電問題を「解決」して話題になっている。

電動車のバッテリー充電時間が長い問題に一石を投じたのは、元々は台湾である。中国の経済成長に伴い、北京の朝のラッシュは自転車の群れからすぐに自動車の大渋滞に移行したが、台湾は国土の狭さもあり、今もスクーター（日本の原付二種相当）の大群が道路を埋め尽くす光景が続いている。最近の機種ならば平均して一リッターで三五キロ近く走る好燃費だが、台数が多いため、EV化によるCO_2削減効果が大きい。

ニオES8

しかし路上駐車した一台一台にコードを伸ばして充電するのは、降雨時に危険であるし、電気や充電コードを盗まれるリスクもある。台湾では電池スタンドが急速に普及し、スクーターのバッテリーの残量が減ると、スタンドで自車のバッテリーを外して手放し、充電済みのバッテリーを受け取ってすぐに再出発するスタイルが定着している。二輪メーカーを超えてバッテリーが共通化されているからこそできるシェア・ビジネスである。

この発想をＥＶに導入したのが中国のニオである。バッテリー残量が減ると、ガソリンスタンドの洗車機のような四角い機械の形をしたニオ専用のスタンドに車を乗り入れ、一五分ほど待つだけである。機械が自動的に車両の下部から巨大なバッテリーを積み下ろし、代わりに充電済みのバッテリーを車体に下から差し込み、固定してくれるのである。バッテリーの性能は売れ筋の他のＥＶと遜色なく、ＥＳ８の航続距離は最大約五八〇キロ、最高時速は二〇〇キロと言われている。価格は約六〇〇万円であり、自社開発した運転支援機能も備わっている。

ＥＶの購入はマンション居住者にとって充電方法が鬼門だった。タワーパーキングでの充電が現状ではほぼ不可能だからだ。ニオはライフスタイルも含めて解決を提案しており、中国では評判が高いメーカーである。

◎コラム7　中国の公用車

「真打」ＢＹＤを紹介する前に、中国の最高級車、紅旗Ｈ９を紹介したい。紅旗といえば、第一章の最後に紹介した毛沢東のリムジンＣＡ72である。ＣＡ72は一九七二年に米ニクソン大統領の訪中でも活躍し、二一世紀の初頭まで龍のような特徴的な顔を変えることなく世代交代を重ねた。二〇一五年には戦勝七〇周年、九・三大閲兵の際、Ｌ９が習近平氏の三軍への閲兵専属車両として登場した。

そして二〇二一年一二月、紅旗は大阪なんばに日本初となるショールームを開設した。目玉は、二〇年八月に披露されたばかりの、日本のナンバープレートを取得した最高級車H9である。デザインは全く新しく現代的になり、良くも悪くも先進国の「普通の」最高級車の出で立ちである。

紅旗H9（公用車）

中国は米欧諸国や韓国と異なり、一九五八年に多国間で締結された「車両等の型式認定相互承認協定（五八協定）」を締結しておらず、日本輸入時の排ガス検査や衝突安全試験などが免除されないため、ナンバー取得が難しかったのである。中国はEUの排ガス規制EURO6よりも厳しい国内基準を課しており、H9は問題なく国交省の検査に合格した。

H9の車体はレクサスLSやBMW7シリーズ並みだが、価格はこれらの半額であり、驚異である。筆者などは、なぜEV版を日本に投入せずにガソリン・エンジン車を投入したのか、疑問である。ガソリン車でも勝負できることを証明したかったのだろうか。中国が格安なガソリン・エンジンの高級車を作って売れるならば、格安な大衆向けのガソリン車を作って途上国市場を席巻するシナリオも見え隠れする。インドのタタ・ナノが試みて失敗した道だが、勝算はあるのか。

ＩＴ大手のファーウェイはアメリカ流の経営手法を社内で徹底するため、社員に対し、アメリカの靴を履き、自分の足を削ってでも靴に合わせろ、と檄を飛ばしたと言われている。このノリで途上国市場のエンジン車への需要を満たされると、品質と安全を軽視できない日米欧メーカーは、ついていけない可能性がある。Ｔ１国以外の国が途上国向けのガソリン車の開発と輸出に大成功すれば、ティア構造に新たな変動をもたらすだろう。もっとも、その頃にはたとえば中国はＴ１国入りを果たしている可能性もある。

中国車の日本上陸——ＢＹＤアットスリー

二〇二一年四月、コロナ禍の自粛が続くなか、輸送大手の佐川急便が中国製のＥＶを調達するとの一報に、衝撃が走った。近所の郵便局の赤い軽トラがいつのまにか一台、ＥＶに入れ替わっていたことに気付いた方はいたかもしれないが、佐川は宅配業務に使用する七二〇〇台、全てを入れ替えると発表したのである。

コロナ禍で宅食やお取り寄せがすっかり定着し、佐川は儲かっているはずなのになぜ日本車のＥＶを調達しない、とご立腹の方もいることと思う。ＡＳＦが開発する配送用ＥＶのＧ０５０はニデックのモーターとインバーターを装備し、充電時間や航続距離は発表されていないが、従来の軽トラの価格（一三〇万～一五〇万円）を下回るとの噂が出回った。広西汽車集団傘下の柳州五菱汽車が生産し、二〇二二年九月から納車される。中国車の日本上陸は、すでに中国のＢＹＤからＥＶバスを調達した京阪バスの例があった。しかし軽トラや乗用車となると台数が多いため、話が違ってくる。

BYDドルフィン

それだけではない。直前のコラムで紹介した紅旗に続き、そのＢＹＤがＥＶ三車種を引き連れて日本に上陸してきた。ＢＹＤはバッテリー・メーカーであるゆえに中国人ユーザーの信頼が厚く、日本の鋼板技術から電池や自動車用鋼板の技術を磨いてきた。二二年七月、ＢＹＤの日本支社長は流暢な日本語で「もはやＥＶに乗り換えるかどうかではない、どのＥＶに乗り換えるかだ」と大胆に宣言した。中国は二〇一七年に自動車消費大国から輸出強国を目指すと宣言し、プラットフォーマーを目指してきた。Ｔ１国宣言である。

ＢＹＤが日本向けに発表したＥＶは、ＳＵＶのＡＴＴＯ３《アットスリー》、セダンのシール、コンパクトカーのドルフィンだ。それぞれ航続距離は四八五キロ、五五五キロ、三八六キロであり、二三年一月以降に発売される。米テスラや韓国の現代のようなオンライン販売ではなく、国産車のように国内ディーラー網を構築する、ガチンコ勝負の参入である。中国市場で九年連続売り上げ一位となっているBYDの実車に見て、触れて、試乗してほしいからだ。

BYDの出店は、二〇一五年以来、全国で六五台のEVバスを供給し、日本国内でEVバス七割のシェアを占め、四八時間以内のサポートを徹底してきた経験の延長ともいえるし、テスラを上回る「何か」を感じる日本参入である。テスラ車の普及を最廉価のモデル3が担ったように、BYDが日本に定着するか否かは、レンタカーや社用車に多用されそうなお手頃な末弟ドルフィンの性能と売れ行きにかかっているのではないだろうか。

自動運転とEVの時代に車の限界性能を磨く

トヨタ86などを手掛けたチーフエンジニアだった多田哲哉は、自動運転車の近未来と現状の取り組みについて、興味深い考察を『現代ビジネス』のインタビューで披露している。トヨタ・カローラレビン／スプリンタートレノといえば若者が新車で買える価格帯の人気スポーツカーであり、特に人気が沸騰した通称「ハチロク」（両車共通の型式AE86に由来）は一九八三年に登場し、漫画『頭文字《イニシャル》D』で主人公の拓海が駆る愛車でもある。ファミリーカーであるカローラとスプリンターの車体にほどよくパワーアップしたエンジンを積み、一九八七年に一度生産が終了した後（後継モデルは二〇〇〇年まで生産）、二〇一二年に姉妹車スバルBRZと共に復活した。

多田はベンツの最新EVモデルを試乗した感想として、自動運転の時代を控えた今こそ、ベンツが車の限界性能、つまりきちんと曲がって止まる「異次元の走行性能」を磨いていることを高く評価する。人が操らず、機械に任せて車が走る時代こそ、他のメーカーの車ならばぶつかって事故をしてしまう状況でも、ベンツならば回避できて助かることを、比較優位にしようとしているという。

多田は記事のなかでどのモデルに試乗したのか明言していないが、ベンツはいち早くEVへの転換を宣言しており、「最善か無か」をうたう同社がどのような車を登場させるのか、それが引き続き世界的な高級車の王道を定義するのか、注目したい。

中小メーカーの矜持

自動車史に名前を残すような壮大な物語は、大企業にしか紡げないのだろうか。昨今はEVやAIの開発でスタートアップの活躍が目覚ましいが、中小企業の綺羅星のごとき活躍は、新しい話ではない。そもそも自動車の黎明期、ほとんどのメーカーは零細なスタートアップだった。

日本は三グループ、計八社のメーカーがひしめく贅沢な市場だが、四〇年以上前から「九つ目のメーカー」が存在することはあまり知られていない。光岡自動車は六八年、中古車販売、整備、板金業として富山県で創業した。光岡進《すすむ》社長が七九年に自動車開発部を開設し、八二年には原付と同じ五〇ccのエンジンを積んだ小型車ブブ・シャトルを発売した。原付免許で運転できるため便利かと思われたが、八五年の道交法改正で、原付や二輪免許では運転できなくされてしまった。エアバッグやABSの項でも紹介したが、日本の法規制は、新しいチャレンジを違法扱いして締め出す、スタートアップ潰しの側面がある。

製造工場は閉鎖に追い込まれたが、ここで懲りないのが光岡社長である。渡米を機にレプリカ・カーの世界にはまり、ついには大手メーカーから既存車の車体とエンジン、電装の供給を得て、これに独自デザインの外装を纏《まと》う個性的な車を量産するようになった。「日本人は自分に合った服を作るのが苦手」とは、宮澤元首相の言だが、皆がそうとは限らない。

光岡は八七年、アメリカより持ち帰ったVWビートルを参考に、これをベースにしたベンツSSKのレプリカ、ブブ・クラシックSSKを発売した。ベンツSSKといえば、アニメ版『ルパン三世』に登場する、ルパンの愛車のクラシックカーである。光岡自動車は、一躍(車好きの間では)有名になった。

日本で最も知名度のある光岡車の一つは、『探偵はBARにいる』のなかで大泉洋と松田龍平が演じるコンビが愛用している「高田号」だ。日産マーチをベースにした、光岡ビュート(初代)である。劇中でエンジンがかからないシーンはお約束の一つだが、日産マーチでそのようなケースに見舞われるのは、バッテリー上がりかオーナーの整備不良だろう。

動力性能では個性が出しにくいハイブリッドやEVだからこそ、光岡自動車が放つ「個性」

に期待したい。

光岡自動車と全く異なる中小メーカーもある。VWグループの傘下に入る前のランボルギーニのように、小さなメーカーながら最先端の車を生み出す例を紹介したい。一九九四年、二二歳だったクリスチャン・フォン・ケーニヒセグは、世界最高のスーパーカーを作ることを決意し、ケーニヒセグ・オートモーティブを設立した。二年後にコンセプトカーを完成させ、二〇〇二年にCC8Sを六台生産した。コンセプトは単純明快、可能な限り出力の高いV8エンジンを、可能な限り軽量な車体に積むことだ。同年、世界で最も出力の高い量産エンジンのギネス記録を獲得した。

光岡ビュート

二〇一四年、創業二〇周年を記念し、One：1が登場した。史上初めて、馬力当たり重量比「一・〇」の市販車が登場した瞬間だ。細部にまで手を入れたフォードのV8エンジンが一三六〇馬力、対して自社製カーボンの車体が（同じ）一三六〇キロ、文字通り一対一なのでOne：1の名前が付いた。ケーニヒセグはマクラーレンF1やブガッティ・シロンが樹立したギネスの最高速度記録や時速四〇〇キロ到達タイムを、次々と塗り替えた。スウェーデンはボルボを擁し、T1国として安泰だが、準T1国を窺う国々が欲しいこうした最先端の「何か」を握り続けている。

大阪生まれのハイパーカー

ケーニヒセグのような元気なスタートアップは、日本にないのか。二〇〇五年、大阪で理系人材の派遣会社としてスタートしたアスパークでは、社内公募から一四年に電気自動車開発プロジェクトが誕生した。一七年、独フランクフルト・モーターショーで披露されたアウル（OWL）は一台三五〇万ユーロ（四億二〇〇〇万円）と発表され、翌一八年二月、停止状態から時速一〇〇キロに一・八九秒で到達し、世界一加速が速い車となった。

アスパーク・アウル

最高速こそ四〇〇キロに制限されるが、搭載する四基のモーターの合計出力は二〇一二馬力に達し、リチウムイオンバッテリーによって四五〇キロの最大航続距離を誇る。五〇台限定で生産され、二〇二一年にデリバリーを開始した。車を速く走らせることは悪いこと、との社会通念が根強い日本では、このような快挙があまり脚光を浴びないのは残念である。

「戦後」の終焉

中国が世界一の自動車生産国として台頭し、ＣＡＳＥ（つながる、自動化、シェア、電動化）の波が押し寄せ、自動車業界は一〇〇年に一度の大変革期にある。日本車はこれからどうなるのか。「昭和の憧れ」だったクラウンを手掛かりに考えたい。

先進の技術を真っ先に満載し、優雅さと速さを兼ね備え、クラウンは「豊かな生活」の象徴、頂点にあった。そんなクラウン（一三代目）も二〇〇八年にハイブリッド版が登場したが、ＦＲとハイブリッドの相性の問題なのか、日産フーガ・ハイブリッドもクラウン・ハイブリッドも、エンジン車に比べてそれほど燃費はよくなかった。プリウスで培った省燃費技術は、クラウンの性能にも売り上げにも貢献しなかった。『日本経済新聞』が二〇二二年七月一六日、一六代目クラウンのお披露目を紹介する記事で指摘したとおり、クラウンの世界販売台数は二〇二一年に約二万一〇〇〇台、バブル最中の全盛期に年二〇万台も売れていた一〇分の一まで落ち込んでいた。これは一九五八年以来の水準であり、くしくもクラウンが北米に初めて輸出され苦杯をなめた年だ。

若者の車離れ、セダンの不人気が囁《ささや》かれて久しい。だがドイツ御三家、ベンツ、ＢＭＷ、アウディは、日本市場でもグローバル市場でも絶好調である。また、伊アルファ・ロメオも、赤いボディーにＶ６エンジンを積み、シャープな顔立ちだったアルファ１５５や、最近ではジュリアのような「クセ強め」なセダンも、個性的なデザイン、センスが光る内装、持ち前のエンジン・フィールと官能的な「音色」で人気を伸ばしている。トヨタ自身の「身内」であるレクサスのセダン、LS（セルシオ相当）、ESやIS（クラウン相当）も売れに売れており、クラウンの不人気とは対照的だ。

クラウンは、昭和の憧れ、目指す「豊かな生活」の頂点だった。同時に、クラウンは会社の上役が乗る（白いレースのカーテンが後席窓についた）黒塗りハイヤーであり、駅前に停まる色とりどりのタクシー車両でもあり、また交通違反切符を切られるときのほろ苦いサイン会場、警察ご用達のパトカーでもあった。中古のクラウン・マジェスタなどは「不本意ながら」ヤンキー系の人たちに人気だった。クラウンは、日本の戦後復興を象徴すると同時に、昭和・平成の日常そのものになってしまった。あまりに万能選手、優等生的にマルチ・タスク過ぎ、何がブランド・イメージなのか、気付いたら行方不明になった。

これは一つのモデルとして、「上がり」ではないだろうか。ハイブリッドの開拓者はプリウス、水素はMIRAIに託したため、新時代の提案という役割も、いまのところ見当たらない。

そんなクラウンも、二〇二二年七月に日本を「卒業」し、全く新しい装いを纏い、SUVなどの派生車種をそろえ、グローバルに四〇カ国以上に展開するという。豊田社長はお披露目の際に、一六代目でクラウンが明治維新を迎えた、と語ったが、ここで自動車史における「戦後日本」の時代が、終わったと解釈したい。

日本車はどこへ

本書の冒頭で述べたとおり、自動車産業および自動車市場の盛衰は、その国の豊かさと安定の指標であり、同時に、自動車は国際関係を映し出す鏡であり、原動力だ。

敗戦後の焼け野原から立ち直り、豊かで安定した戦後日本を実現した原動力の一つが、一九六〇年代に国内最大セクターに育ち、花形の輸出産業に成長した自動車産業だった。一九六四年の東京五輪から二年、日本はマイカー元年を迎え、トヨタ・カローラや日産サニーが登場し、車が庶民の生活必需品になった。

一九七四年、トヨタ・カローラが年産台数世界一となり、翌七五年、トヨタはアメリカ輸入台数でVWを上回り、首位に立った。T1国として台頭した日本は、故障が少なく省燃費な車づくりを先導する力、そしてGATT東京ラウンドを主導するなど国際的なルールを作る影響力を発揮し、かつて日本人が舶来の欧米車に憧れたように、憧れられ、目標とされる国になった。トヨタ式生産方式を先進各国が競って学び、各国に開設された現地工場をとおして広く伝播した。

一九八〇年代のバブル経済を経て、一九九〇年代初盤の冷戦終結までの時代が、日本車が一つのピークを迎えた時期だった。日本の自動車生産のピークは、九〇年に記録した年産一三四八万六〇〇〇台であり、日本はアメリカを抜いて世界一の自動車大国、世界一の経済大国にのし上がった。元号が改まった一九八九年、国産車ビンテージ・イヤーとなったこの年に登場した車たちは、日本車が没個性ながら省燃費で高品質なファミリーカーだけではなく、新しいジャンルを生み出したり、一つのジャンルのなかに革命的な新しさを提案し、次世代のスタンダードを設定する存在に成長したことを内外に示した。

ピークを迎えて以降、四年連続で国内生産台数が減少し、ついに九四年、日本は首位陥落しアメリカに抜き返された。「栄光の昭和の時代」は過去のものになると同時に、冷戦終結によって東側諸国が自由経済の仲間入りを果たし、グローバルな自動車市場が誕生した。バブル経済が崩壊し、失われた一〇年・二〇年を経て国内生産は落ち込みつつ、日本車は二一世紀になる直前、起死回生の大きな発明をした。モーターがエンジンの駆動力を補助して燃費を飛躍的に向上させるハイブリッド車が登場し、一九七〇年代の石油危機以来さけばれてきた環境保護に資する解決策を提案した。二一世紀は、再び日本車の時代になるかに見えた。

二一世紀に入り、自動車先進国であるT1国に新たな挑戦者が現れた。二〇〇九年、中国が新車販売台数でアメリカを抜き、世界一の自動車市場になった。中国はこれまで先進国への輸出に成功して台頭したT1国の伝統的な経路を経ず、巨大な国内市場による一本足打法で世界一になった。果たしてグローバルな自動車産業の競争の構図、本書でいう「ティア構造」を大きく変えるポテンシャルがあるのか、今のところ見通せない。

二〇〇九年は、時代の大きな節目でもあった。前年にテスラが初めてロードスターを世に送り出したのに続き、量産車初のEVである三菱アイミーブと日産リーフが発表された、EV元年だ。同時に、リーマン・ショックで業績が悪化した米GMが国有化され、七七年間にわたったグローバル首位をトヨタに譲り、明暗がくっきり分かれた年だった。首位争いはVWやEVに積極的な新興メーカーを交え、目が離せない。

二一世紀のもう一つの特徴は、環境規制の強化と環境技術の進化、そしてこれをも包括するCASE（つながる、自動化、シェア、電動化）の加速である。そこでは単にガソリン車やハイブリッド車の燃費向上や品質向上だけではなく、車の新しい使い方、所有の形、作り方など、新しいライフスタイルを提案する力が求められる。技術開発を支える理系力は今まで以上に必要だが、同時にこれをどこでどのように発揮させるか考え、見つけ、新しいストーリーを紡ぎ出す力、これを世間に的確に伝えて世論を作る文系力が求められる。

自動車産業は座敷わらしのような存在であり、安寧に定着できる環境を提供できた国には繁栄と平和をもたらし、自らの決定でこれを損ねた国からは（ロシアのように）速やかに退出する。日本車が一層人々をハッピーにできるか、その発信者が日本（人）なのか、自動車メーカー、部品サプライヤー、規制（緩和）する政府、そして市場の声（販売者と消費者）、全てのフロントで真価が問われる。

あとがき

趣味である自動車やオートバイを仕事のネタにすることには迷いがあり、いまも葛藤がある、というのが正直な現状である。個人の好き嫌いを仕事で出してはならないし、逆に仕事で客観性ばかり追求すると、自分個人の好みが何だったのか、わからなくなることがある。

この企画は、板橋拓己先生と中公新書編集部の白戸直人氏とのご縁ではじまった。当初は別の方向性で話をしていたのだが、打ち合わせの場でつい、世界各地の日本車・オートバイ事情を長々と語ってしまった。半ば呆れられつつ、それなら代わりにクルマ好きで若く優秀な編集者を、と引き合わせていただいたのが楊木文祥氏だった。本書の原稿は楊木氏の的確にして時機を逃さない、鋭いながら柔らかいトーンのツッコミとリードのおかげで着地できた。数年前の原稿をいま読み返すとゴミ屋敷に近く、感謝の気持ちで一杯である。

執筆をはじめた頃は地方の公立大学に所属しており、「若者のクルマ離れ」を語るメディアの論調に違和感を覚えていた。地下鉄とバスでいつでもどこにでも行ける首都圏と違い、地方では一人一台、自転車を所有するような感覚で、毎日、車を使わなければならない。皆が車に興味がなく、若者のクルマ離れが本当に進んでいるのだとしたら、なぜ日本は世界三位の自動車大国の地位を維持できているのか。なぜ日本でグローバル首位のトヨタが生まれたのか。今後は大丈夫なのか。マーケティングや業界ストラテジーとは異なる視点で、自動車産業を描いてみたかった。

本書は厳密な経済モデルを提唱したわけではなく、一台一台、その時代のエポックとなった車種を紹介しながら、そのメーカーの盛衰、メーカーの出身国の盛衰をランキング的なティア構造として描いた。国際関係の歴史のなかの自動車産業、時代の潮流を作り、それを象徴する自動車を描き出すことを目指した。大学の教壇で国際関係史や欧州統合史を語る講義ノートから自動車関連の描写を抜き出して並べたのが、本書のストーリーである。

敬愛する先輩である細谷雄一先生はかつて、日本の学校の歴史教育を批判する意味で「世界史の出てこない日本史と、日本史の出てこない世界史」と喝破した。拙い歩みで先輩の背中を追う身としては、自動車の世界史のなかで日本車・日本メーカーが等身大で描き出され、同時に日本車・メーカーが貢献して形作った世界の自動車史をまとめたつもりである。この試みがうまくいったのか、車に興味がない方にもわかりやすい内容だったのか、車が（一層）好きになるような興味をもっていただけたか、読者の皆様の批評を仰ぎたい。

二〇二三年九月

鈴木　均

あとがき

第五章
トヨタ・ランドクルーザー70系　Nachoman-au / CC BY-SA 3.0: Wikimedia Commons
GM ボルト　Kevauto / CC BY-SA 4.0: Wikimedia Commons
テスラ・モデル3　Tokumeigakarinoaoshima / CC BY-SA 4.0: Wikimedia Commons
三菱アイミーブ　mattbuck / CC BY-SA 2.0: Wikimedia Commons
日産リーフ　Pibwl / CC BY-SA 4.0: Wikimedia Commons
ランチア・テージス（首相公用車）　Utente:Jollyroger / CC BY-SA 2.5: Wikimedia Commons
VW ザ・ビートル　Wagon Master Johnson / CC BY-SA 4.0: Wikimedia Commons
ミニ　Kevyn36 / CC BY-SA 4.0: Wikimedia Commons
フィアット500e　Mr.choppers / CC BY-SA 3.0: Wikimedia Commons
アストン・マーチン DB5　Murgatroyd49 / CC BY-SA 4.0: Wikimedia Commons
NSX　Charles / CC BY-SA 2.0: Wikimedia Commons
GT-R　RocketJohn / CC BY-SA 4.0: Wikimedia Commons
LFA　Motohide Miwa / CC BY-SA 2.0: Wikimedia Commons

第六章
宏光ミニ EV　JustAnotherCarDesigner / CC BY-SA 4.0: Wikimedia Commons
トヨタ MIRAI　Alexander Migl / CC BY-SA 4.0: Wikimedia Commons
ホンダ・クラリティ FC　Tokumeigakarinoaoshima / CC BY-SA 4.0: Wikimedia Commons
ニオ ES8　User3204 / CC BY-SA 4.0: Wikimedia Commons
紅旗 H9（公用車）　User3204 / CC BY-SA 4.0: Wikimedia Commons
BYD ドルフィン　Anonymousfox36 / CC BY-SA 4.0: Wikimedia Commons
アスパーク・アウル　NearEMPTiness / CC BY-SA 4.0: Wikimedia Commons

※特に記載のないものはいずれもパブリックドメイン

第二章

BMW2002ターボ　Matti Blume / CC BY-SA 4.0: Wikimedia Commons
シトロエン DS（大統領公用車）　Davide Oliva / CC BY-SA 2.0: Wikimedia Commons
ホンダ・シビック　韋駄天狗 / CC BY-SA 3.0: Wikimedia Commons
ボルボ264　nakhon100 / CC BY-SA 2.0: Wikimedia Commons
マツダ・サバンナ RX-7　Taisyo / CC BY-SA 3.0: Wikimedia Commons
いすゞ・ジェミニ　Tennen-Gas / CC BY-SA 3.0: Wikimedia Commons
ランドローバー　Land Rover MENA / CC BY-SA 2.0: Wikimedia Commons
ジャガー XJ（首相公用車）　PA Images / アフロ
ポルシェ911　nakhon100 / CC BY-SA 2.0: Wikimedia Commons

第三章

スズキ・アルト　Tennen-Gas / CC BY-SA 3.0: Wikimedia Commons
フェラーリ F40　Vauxford / CC BY-SA 4.0: Wikimedia Commons
ベンツ300（通称アデナウアー、首相公用車）　Holger.Ellgaard / CC BY-SA 3.0: Wikimedia Commons
ルノー5ターボ　realname / CC BY-SA 2.0: Wikimedia Commons

第四章

マクラーレン F1　Phil Guest / CC BY-SA 2.0: Wikimedia Commons
ブガッティ・ヴェイロン　Ben / CC BY-SA 2.0: Wikimedia Commons
ダイハツ・コペン　Tennen-Gas / CC BY-SA 3.0: Wikimedia Commons
セアト・イビサ　Rudolf Stricker / CC BY-SA 3.0: Wikimedia Commons
シュコダ・ファビア　Vauxford / CC BY-SA 4.0: Wikimedia Commons
ランボルギーニ・アヴェンタドール　Alexandre Prevot / CC BY-SA 2.0: Wikimedia Commons
フォード・クラウンビクトリア　Jason Lawrence / CC BY-SA 2.0: Wikimedia Commons
スマート　Frank Vincentz / CC BY-SA 3.0: Wikimedia Commons
プジョー406　Arnaud 25 / CC BY-SA 4.0: Wikimedia Commons
トヨタ・プリウス　根川大橋 / CC BY-SA 4.0: Wikimedia Commons
ホンダ・インサイト　Irmantas Baltrusaitis / CC BY-SA 4.0: Wikimedia Commons

図版出典一覧

はじめに

ロールス・ロイス・ファントム　Jan Derk Remmers / CC BY-SA 4.0: Wikimedia Commons

序章

シトロエン・トラクシオン・アヴァン　Silar / CC BY-SA 3.0: Wikimedia Commons
VW ビートル　Palauenc05 / CC BY-SA 4.0: Wikimedia Commons
ベントレー・ミュルザンヌ　Xabi Rome-Hérault / CC BY-SA 3.0: Wikimedia Commons

第一章

ウイリス JEEP　Thesupermat / CC BY-SA 3.0: Wikimedia Commons
キャデラック・エルドラド　Damian B Oh / CC BY-SA 4.0: Wikimedia Commons
シトロエン2CV　Thesupermat / CC BY-SA 3.0: Wikimedia Commons
フィアット500　Beech Boy / CC BY-SA 2.0: Wikimedia Commons
ミニ　Buch-t / CC BY-SA 3.0: Wikimedia Commons
センチュリーロイヤル（御料車）　ラハール / CC BY-SA 3.0: Wikimedia Commons
カローラ　TTTNIS / CC BY-SA 2.0: Wikimedia Commons
キャデラック・ワン（大統領公用車）　Ex13 / CC BY-SA 4.0: Wikimedia Commons
ラーダ1200　Forrexp / CC BY-SA 4.0: Wikimedia Commons
トラバント　Bjørn Fritsche / CC BY-SA 2.5: Wikimedia Commons
現代ポニー　Chu / CC BY-SA 4.0: Wikimedia Commons
紅旗 CA72　Navigator84 / CC BY-SA 3.0: Wikimedia Commons

してきたこれら媒体に大いに依拠して執筆した。

朝日新聞
オートメカニック
カートップ
くるくら
くるまのニュース
サンエイムック
産経新聞
時事通信ニュース
週刊ダイヤモンド
週刊東洋経済
世界の自動車オールアルバム
中央公論
中央日報
トヨタイムズニュース
ドライバー
日経ビジネス
日経 MOOK
日本経済新聞
ニュースイッチ（日刊工業新聞）
ニューズウィーク日本版
乗りものニュース
ハイパーレブ
プレジデント
ベストカー
ホリデーオート
毎日新聞
モーターファン
読売新聞
ラリープラス
ロイター
AFPBB News
Autocar
AUTOCAR JAPAN
Automobilismo
Autosport
BBC
Bloomberg
BUSINESS INSIDER JAPAN
Car
Car Graphic
Classic Cars
Consumer Guide Automotive
Consumer Reports – Cars –
EMAGAZINE
EVcafe
GENROQ
ITmedia
JBpress
L'Automobile
LE VOLANT
MOBY
Motor Fan
POLITICO
Response
Testjahrbuch
Top Gear
Wedge

桃田健史『アップル、グーグルが自動車産業を乗っとる日』洋泉社、2014年
山崎明『マツダがBMWを超える日　クールジャパンからプレミアムジャパン・ブランド戦略へ』講談社＋α新書、2018年
吉田信美『EC自動車大戦争　欧州の覇権をめぐる日米欧の闘い』東洋経済新報社、1990年
読売新聞クルマ取材班『自動車産業は生き残れるか』中公新書ラクレ、2008年
冷泉彰彦『自動運転「戦場」レポ　ウーバー、グーグル、日本勢——クルマの近未来』朝日新書、2018年
ジャック・ユーイング著、長谷川圭・吉野弘人訳『フォルクスワーゲンの闇　世界制覇の野望が招いた自動車帝国の陥穽』日経BP、2017年
GP企画センター編『日本自動車史年表』グランプリ出版、2006年
Auto Editors of Consumer Guide, 100 Cars That Changed the World: The Designs, Engines, and Technologies That Drive Our Imaginations, Publications International, 2020
Giles Chapman, The Car Book: The Definitive Visual History, DK, 2022
Inma Martínez, The Future of the Automotive Industry: The Disruptive Forces of AI, Data Analytics, and Digitization, Apress, 2021
Steven Parissien, The Life of the Automobile: A New History of the Motor Car, Atlantic Books, 2013
Dave Randle, The True Story of Skoda, Sutton Publishing Ltd, 2002
Matthias Röcke, So fuhren wir in der DDR: Trabi, Barkas & Co., HEEL Verlag GmbH, 2020
Koichi Shimokawa, The Japanese Automobile Industry: A Business History, Athlone Press, 1994
Hitoshi Suzuki, Japanese Investment and British Trade Unionism: Thatcher and Nissan Revisited in the Wake of Brexit, Palgrave Macmillan, 2020

◎雑誌、報道、ウェブメディア

膨大なる記事名は省略するが、本書は自動車に魅せられて以来愛読

2020年
佐藤正明『自動車　合従連衡の世界』文春新書、2000年
下川浩一『グローバル自動車産業経営史』有斐閣、2004年
チャルマーズ・ジョンソン著、佐々田博教訳『通産省と日本の奇跡　産業政策の発展1925－1975』勁草書房、2018年
鈴木均『サッチャーと日産英国工場　誘致交渉の歴史1973－1986年』吉田書店、2015年
鈴木良隆、武田晴人、大東英祐『ビジネスの歴史』有斐閣アルマ、2004年
高橋泰隆、芦澤成光編『EU 自動車メーカーの戦略』学文社、2009年
田中道昭『GAFA×BATH　米中メガテックの競争戦略』日本経済新聞出版社、2019年
田中道昭『2022年の次世代自動車産業　異業種戦争の攻防と日本の活路』PHP ビジネス新書、2018年
ジョン・ダワー著、三浦陽一・高杉忠明訳『敗北を抱きしめて　増補版【上】【下】』岩波書店、2004年
デロイトトーマツコンサルティング『モビリティー革命2030　自動車産業の破壊と創造』日経 BP、2016年
デロイトトーマツコンサルティング『続　モビリティー革命2030　不屈の自動車産業』日経 BP、2020年
中西孝樹『自動車新常態　CASE/MaaS の新たな覇者』日本経済新聞出版、2020年
中西孝樹『CASE 革命　MaaS 時代に生き残るクルマ』日経ビジネス人文庫、2020年
野口悠紀雄『製造業が日本を滅ぼす　貿易赤字時代を生き抜く経済学』ダイヤモンド社、2012年
畠山襄『通商交渉　国益を巡るドラマ』日本経済新聞社、1996年
深尾三四郎『モビリティ・ゼロ　脱炭素時代の自動車ビジネス』日経 BP、2021年
藤原辰史『トラクターの世界史　人類の歴史を変えた「鉄の馬」たち』中公新書、2017年
藤本隆宏『能力構築競争　日本の自動車産業はなぜ強いのか』中公新書、2003年
宮本晃男『カラーブックス189　自動車Ⅱ』保育社、1970年
村沢義久『日本車敗北　「EV 戦争」の衝撃』プレジデント、2022年

上海汽車〈https://www.saicmotor.com/〉
セアト〈https://www.seat.com/company/history〉
シュコダ〈https://www.skoda-auto.com/world/history〉
タタ〈https://www.tatamotors.com/about-us/company-profile/〉
テスラ〈https://www.tesla.com/about〉
VW〈https://sp.volkswagen.co.jp/brand-history/〉
ボルボ〈https://www.volvocars.com/jp/v/our-heritage〉

◎著書

阿部武司、通商産業政策史編纂委員会編『通商産業政策史1980-2000　第2巻　通商・貿易政策』経済産業調査会、2013年
安西巧『経団連　落日の財界総本山』新潮新書、2014年
五百旗頭真編『戦後日本外交史　第3版補訂版』有斐閣アルマ、2014年
池本修一、田中宏編著『欧州新興市場への日系企業の進出　中国・ロシアの現場から』文眞堂、2014年
リチャード・A・ヴェルナー著、吉田利子訳『円の支配者　誰が日本経済を崩壊させたのか』草思社、2001年
エリック・エッカーマン著、松本廉平訳『自動車の世界史』グランプリ出版、1996年
ジェフリー・オーウェン著、和田一夫監訳『帝国からヨーロッパへ　戦後イギリス産業の没落と再生』名古屋大学出版会、2004年
小尾美千代『日米自動車摩擦の国際政治経済学　貿易政策アイディアと経済のグローバル化』国際書院、2023年
香住駿『VWの失敗とエコカー戦争　日本車は生き残れるか』文春新書、2015年
楠田悦子編著『移動貧困社会からの脱却　免許返納問題で生まれる新たなモビリティ・マーケット』時事通信社、2020年
桑島浩彰、川端由美『日本車は生き残れるか』講談社現代新書、2021年
小山洋司、富山栄子『東欧の経済とビジネス』創成社、2007年
斉藤俊彦『くるまたちの社会史　人力車から自動車まで』中公新書、1997年
櫻井清『日本自動車産業の発展【上巻】【下巻】』白桃書房、2005年
佐藤登『電池の覇者　EVの命運を決する戦い』日本経済新聞出版、

BMW 〈https://www.bmwgroup.com/en/company/history.html〉
ブガッティ 〈https://www.bugatti.com/brand/history/chronicles/〉
BYD 〈https://www.bydglobal.com/en/CompanyIntro.html〉
クライスラー 〈https://www.chrysler.com/this-is-chrysler.html#chrysler-history〉
シトロエン 〈https://www.citroen.jp/citroen-brand/history.html〉
フェラーリ 〈https://www.ferrari.com/ja-JP/history〉
フィアット 〈https://www.fiat.com/history〉
フォード 〈https://corporate.ford.com/about/history.html〉
GM 〈https://www.gm.com/heritage〉
吉利 〈https://zgh.com/geely-history/?lang=en〉
ヒンドゥスタン 〈http://www.hindmotor.com/miles.asp〉
紅旗 〈http://hongqi-l.faw.cn/ja/history.html〉
華人運通技術 〈https://www.human-horizons.com/main/milestones/〉
現代 〈https://www.hyundaimotorgroup.com/about-us/history〉
ジャガー 〈https://www.jaguarlandrover.com/our-heritage〉
ケーニヒセグ 〈https://www.koenigseggbingosports.jp/our-story/the-history/〉
LADA 〈https://www.lada.ru/en/press-releases/117363〉
ランボルギーニ 〈https://www.lamborghini.com/jp-en/ニュース/60-years-of-lamborghini-history〉
ランチア 〈https://www.fcaheritage.com/en-uk/brand/lancia-company〉
マクラーレン 〈https://cars.mclaren.com/jp-ja/about/from-the-beginning〉
NIO 〈https://ir.nio.com/governance/company-profile〉
プジョー 〈https://www.peugeot.co.jp/brand/peugeot-universe/history.html〉
ポルシェ 〈https://www.porsche.com/japan/jp/aboutporsche/porschemuseum/milestones/〉
ルノー 〈https://www.renault.com.eg/AboutRenault/Renault-history.html〉
ロールス・ロイス 〈https://www.rolls-royce.com/about/our-history.aspx〉
ローバー 〈https://www.jaguarlandrover.com/our-heritage〉
リマック 〈https://www.rimac-automobili.com/about-us/timeline/〉

主要参考文献

◎社史

株式会社アスパーク〈https://www.aspark.co.jp/company/company-info/history/〉

いすゞ自動車株式会社〈https://www.isuzu.co.jp/company/history.html〉

スズキ株式会社〈https://www.globalsuzuki.com/corporate/history/index.html〉

株式会社 SUBARU〈https://www.subaru.co.jp/outline/pdf/enkaku.pdf〉

ダイハツ工業株式会社〈https://www.daihatsu.com/jp/company/history.html〉

トヨタ自動車株式会社〈https://www.toyota.co.jp/jpn/company/history/75years/text/index.html〉

日産自動車株式会社〈https://www.nissan-global.com/JP/COMPANY/PROFILE/HERITAGE/〉

本田技研工業株式会社〈https://www.honda.co.jp/guide/history-digest/〉

マツダ株式会社〈https://www.mazda.com/ja/about/history/2020/〉

光岡自動車〈https://www.mitsuoka-motor.com/55th/〉

三菱自動車工業株式会社〈https://www.mitsubishi-motors.com/jp/company/history/company/〉

アストン・マーチン〈https://www.astonmartin.com/en/models/past-models〉

アウディ〈https://www.audi.com/en/company/history.html〉

オースチン〈https://www.austinmotorcompany.com/category/history/〉

ベンツ〈https://www.mercedes-benz.com/en/innovation/milestones/corporate-history/〉

鈴木 均（すずき・ひとし）

1974年生まれ．慶應義塾大学大学院法学研究科政治学専攻博士課程単位取得退学．European University Institute 歴史文明学科修了．Ph.D.（History and Civilization）．新潟県立大学国際地域学部准教授，モナシュ大学訪問研究員，LSE 訪問研究員，外務省経済局経済連携課を経て，2021年に合同会社未来モビリT 研究を設立．現在，同代表．国際文化会館地経学研究所主任客員研究員，21世紀政策研究所欧州研究会委員などを兼務．

著書『複数のヨーロッパ』（遠藤乾・板橋拓己編，共著，北海道大学出版会，2011）
『サッチャーと日産英国工場』（吉田書店，2015）
『現代ドイツ政治外交史』（板橋拓己・妹尾哲志編，共著，ミネルヴァ書房，2023）
ほか

自動車《じどうしゃ》の世界史《せかいし》
中公新書 *2778*

2023年11月25日発行

著　者　鈴木　均
発行者　安部順一

本文印刷　三晃印刷
カバー印刷　大熊整美堂
製　本　小泉製本

発行所　中央公論新社
〒100-8152
東京都千代田区大手町 1-7-1
電話　販売 03-5299-1730
　　　編集 03-5299-1830
URL https://www.chuko.co.jp/

Published by CHUOKORON-SHINSHA，INC.
Printed in Japan　ISBN978-4-12-102778-8 C1222

中公新書

現代史

f3